Psyllidarum Catalogus

Auctore

Dr. G. Aulmann

Springer-Science+Business Media, B.V.
1913

ISBN 978-94-017-5702-7 ISBN 978-94-017-6035-5 (eBook)
DOI 10.1007/978-94-017-6035-5

Seit den Tagen des ausgezeichneten Psyllidenkenners F. Löw ist diese interessante Rhynchotengruppe ziemlich stiefmütterlich behandelt worden, und erst seit kurzem beschäftigen sich die Entomologen wieder etwas eingehender mit dem Studium der Psylliden.

Der vorliegende synonymisch-biologische Katalog, der durch das Durcharbeiten der bislang vorliegenden Psyllidenliteratur entstanden ist, soll den Zweck haben, dem Psyllidenspezialisten das Aufsuchen der Literatur zu erleichtern und ihn über den Stand der Psylliden-Systematik und -Biologie zu orientieren.

Vielleicht gibt der Katalog Anstoß, daß sich wieder mehr Entomologen mit dieser ziemlich vernachlässigten Tiergruppe beschäftigen.

Der Verfasser.

Hemiptera.

Subordo Homoptera.

Homoptera Latr. Familles naturelles du Règne animal (1825); Am. S. Hém. p. 455.
Gulaerostria Zett. Ins. lapp. p. 286; Flor, R. L. I, p. 54.

Sectio **Sternorhyncha.**

Sternorhynchi Am. S. Hém. p. 588.
Sternorhyncha Flor, R. L. II, p. 4.

Subsectio **Phytophtires.**

Phytophtires Burm. Handb. II, p. 55 et 84; Am. S. Hém. p. 589; Flor, R. L. II, p. 5 et 436.

Fam. ***Psyllidae.***

Psyllidae Latr. Gen. Crust. Ins. III, p. 168, 1807.
Chermides Fallen, Spec. nov. Hem. disp. method. p. 3, 22, 1814.
Psyllides Leach, Edinb. Encycl. IX, p. 125, 1815.
Hemelytra trib. *Psyllides* Latr., Faun. nat. p. 428, 1825.
Psyllodes Burm., Handb. II, 1, p. 95, 1835.
Psyllides Fieb., Gen. Hydrocorid. p. 10, 1851.
Psyllodea Flor, Rhynch. Livl. II, p. 438, 1861; Stål, Hem. Fabr. II, p. 113, 1869.
Psyllodae Leth., Cat. Hem. du Nord. ed. 2, p. 85, 1874.
Psyllidae Scott, Trans. Ent. Soc. London 1876, p. 526.
Psyllina Edw. Hem. Hom. Br. Isl. p. 224, 1896.
Chermidae Kirk., Entomologist XXXVIII, p. 255, 280, 1904.

Subf. **Psyllinae.**

Subf. *Psyllinae* Law, Verh. zool. bot. Ges. Wien XXVIII, 1878, p. 607.
div. *Psyllaria* Put., Cat. des Hém. d'Europe et Méd. 1875, p. 91.
Fam. *Psyllidae* Edw. Hem. Hom. Br. Isl. p. 233, 1896.
div. *Psyllaria* Oshanin, Verz. pal. Hem. 1907, p. 349.

Gen. **Calophya.**

Calophya Löw, Verh. zool. bot. Ges. Wien XXVIII, 1878, p. 598, 608, pl. IX, figs. 13, 14.— Schwarz, Proc. Ent. Soc. Washingt. VI, 1904, p. 241. — Kieffer, Ann. Soc. Scient. Bruxelles 29, 1905, p. 162.

1. **californica** Schwarz. *Calophya californica* Schwarz, Proc. ent. Soc. Washingt. VI, 1904, p. 242.	Californien, LosAngelos
2. **flavida** Schwarz. *Calophya flavida* Schwarz, Proc. ent. Soc. Washingt. VI, 1904, p. 243, fig. 10 (Nymphe). — Riley, Proc. Amer. Assoc. Advance Sci. 32. — Oshanin, Verz. paläarkt. Hem. II, 1907, p. 189.	Massachusetts, Wash. D.C., St. Louis
3. **nigra** Kuw. *Calophya nigra* Kuw., Sapporo Trans. Nat. Hist. Soc. II, 1907, p. 160. — Oshanin, Verz. paläarkt. Hem. III, 1910, p. 189.	Japan (Hokkaido)
4. **nigridorsalis** Kuw. *Calophya nigridorsalis* Kuw., Sapporo Trans. Nat. Hist. Soc. II, 1907, p. 159. — Oshanin, Verz. paläarkt. Hem. II, 1907, p. 189.	Japan (Hokkaido, Honshu)
5. **nigripennis** Riley. *Calophya nigripennis* Riley, Proc. Ent. Soc. Wash. II, 1883, p. 69; VI, 1887, p. 244, fig. 11, 12 — Larve. — Schwarz, op. cit. VI, p. 243. — Riley, Proc. Amer. Assoc. Advance Sci. 32.	Washington, D. C., Georgia
6. **rhois** Löw. *Psylla rhois* Löw, Verh. zool.-bot. Ges. Wien XXVII, 1877, p. 148, pl. VI, fig. 13a—d. *Calophya rhois* Löw, op. cit. XXVIII, 1878, p. 599 — Larve; *Rhus cotinus* L.; XXIX, 1879, pl. IX, fig. 13, 14. — Darboux & Houard, Bull. Sci. France Belg. XXXIV, 1901, p. 362. — Kieffer, Ann. Soc. Ent. Fr. LXX, 1901, p. 476. — Houard, Zoocécidies des Plantes d'Europe 1908, p. 679, No. 3946 — *Cotinus coggygria* Scop. (*Rh. cotinus* L.). — Löw, op. cit. XXXVIII, 1888, p. 14, nr. 23. — Massalongo, Bull. Soc. Cat. ital. 1897, p. 139—140, No. 55.; Marcellia, Avellino VI, p. 42, No. 34, 1907. — Bezzi, Atti Accad. sci. lett. ar (3), VI, 28, No. 86, 1899. — Hieronymus, Pax, 1906, fasc. XIV, No. 385. — Oshanin, Verz. paläarkt. Hem. II, 1907, p. 349. — *Cotinus coggygria Scop. (Rhus cotinus L.).*	Österreich, Deutschland, Ungarn, Italien, Frankreich
7. **triozomima** Schwarz. *Calophya triozomima* Schwarz, Proc. Ent. Soc. Wash. VI, 1904, p. 241, fig. 9.	Californien, Los Angelos, S. Arizona
8. **viridis** Kuw. *Calophya viridis* Kuw., Sapporo Trans. Nat. Hist. Soc. II, 1907, p. 159. — Oshanin, Verz. paläarkt. Hem. III, 1910, p. 189.	Japan (Hokkaido)
9. **viridiscutellata** Kuw. *Calophya viridiscutellata* Kuw., Sapporo Trans. Nat. Hist. Soc. II, 1907, p. 159. — Oshanin, Verz. paläarkt. Hem. III, 1910, p. 189.	Japan (Hokkaido)

10. **vitreipennis** Riley. Arizona
Calophya vitreipennis Riley, Proc. Amer. Assoc. Advance Sci. 32.

Gen. Metapsylla.

Metapsylla Kuw., Sapporo Trans. Nat. Hist. Soc. II, 1907, p. 157.

11. **marginata** Kuw. Formosa
Metapsylla marginata Kuw., l. c. p. 158.
12. **nigra** Kuw. Japan
Metapsylla nigra Kuw., l. c. p. 157, fig. 12, 18. — Oshanin, Verz. paläarkt. Hem. III, 1910, p. 188.

Gen. Diaphorina.

Diaphorina Löw, Verh. zool.-bot. Ges. Wien XXIX, 1879, p. 567; XXX, 1880, p. 257.
Diaphora Löw, op. cit. XXVIII, 1878, p. 603, 607; pl. IX, fig. 22—25 (nom. praeocc.). — Kieffer, Ann. Soc. Scient. Bruxelles 29, 1904—1905, p. 162.

13. **aegyptiaca** Put. Aegypten, Cairo
Diaphorina aegyptiaca Put., Revue d'Ent. Franc. XI, 1892, p. 30. — Oshanin, Verz. paläarkt. Hem. II, 1907, p. 350.
14. **chobauti** Put. Algerien, Biskra
Diaphorina chobauti Put., Revue d'Ent. franc. XVII, 1898, p. 175. — Oshanin, Verz. paläarkt. Hem. II, 1907, p. 350.
15. **citri** Kuw. Formosa
Diaphorina citri Kuw., Sapporo Trans. Nat. Hist. Soc. II, 1907, p. 160, fig. 16.
16. **guttulata** Leth. Bombay
Diaphorina guttulata Leth., P. A. S. B. 1890, p. 165.
17. **propinqua** Löw. Turkestan
Diaphorina propinqua Löw, Verh. zool.-bot. Ges. Wien XXX, 1880, p. 257, pl. VI, fig. 5a—b. — Oshanin, Verz. paläarkt. Hem. II, 1907, p. 350.
18. **putonii** Löw. Deutschland, Frankreich, Österreich, Spanien, Portugal, Corsica, Dalmatien, Griechenland, Algerien, Turkestan
Diaphora putonii Löw, Verh. zool.-bot. Ges. Wien XXVIII, 1878, p. 604, pl. IX, fig. 22—25. — Bol. y Chic., Enum. A. III, f. 10.
Diaphorina putonii Löw, op. cit. XXIX, 1879, p. 567; XXX, 1880, p. 259. — Oshanin, Verz. paläarkt. Hem. II, 1907, p. 349.
Psylla aphalaroides Put., Bull. soc. ent. Fr. 1878, p. 223. — Bol. y Chic., An. Soc. Exp. VIII, pl. III, fig. 10, 10a.

Gen. Epipsylla.

Epipsylla Kuw., Sapporo Trans. Nat. Hist. Soc. II, 1907, p. 178, fig. 19.

19. **albolineata** Kuw. Formosa
Epipsylla albolineata Kuw., l. c. p. 178, fig. 19.
20. **rubrofasciata** Kuw. „
Epipsylla rubrofasciata Kuw., l. c. p. 179.

Gen. **Psylla.**

Chermes Linné (pro parte) 1758.
Psylla Geoffroy, Histoire abr. ins. envir. Paris. tom. I, p. 482—489, — F. Löw, Verh. zool.-bot. Ges. Wien XXVIII, 1878, p. 600, 608; t. 9, fig. 16—19. — Edward, Hem. Hom. Br. Isl. p. 235; t. 2, fig. 29, 1896. — Kieffer, Ann. Soc. Scient. Bruxelles 29, 1904—1905, p. 164. — Först., Flor, Scott pro parte. — Oshanin, Verz. paläarkt. Hem. 1907, p. 350.
Psyllia Kirkaldy, Entomologische Ztg. Wien. 24, 1905, p. 268.

21. **abdominalis** M. D. — Schweiz, Böhmen, Österreich
Psylla abdominalis M. D. Mitth. Schw. Ent. Ges. 3, 1871, p. 394, 397.
Psylla ambigua Löw (prt.), Verh. zool.-bot. Ges. Wien XXXII, 1882, p. 231. — Sulc, Wien. ent. Ztg. 1909, p. 14, 24; Sitz.-Ber. Böhm. Ges. Wiss. No. XXII, 1909, p. 33. — Oshanin, Verz. paläarkt. Hem. II, 1907, p. 362; III, 1910, p. 193.

22. **abieti** Kuw. — Japan (Jesso Nippon)
Psylla abieti Kuw., Sapporo Trans. Nat. Hist. Soc. II, 1907, p. 163, 175. — Oshanin, Verz. paläarkt. Hem. III, 1910, p. 194.

23. **acaciae** Maskell. — Neu-Sceland
Psylla acaciae Maskell, Ent. M. Mag. 1894, p. 171.

24. **acaciae-baileyanae** Frogg. — Australien, N. S. W.
Psylla acaciae-baileyanae Frogg., Proc. Linn. Soc. N. S. W. XXVI, 1901, p. 257, pl. XIV, fig. 2; XVI, fig. 3.

25. **acaciae-dealbatae** Frogg. — Tasmanien, Hobart
Psylla acaciae-dealbatae Frogg., Proc. Linn. Soc. N. S. W. XXVIII, 1903, p. 326.

26. **acaciae-decurrentis** Frogg. — Australien, N. S. W.
Psylla acaciae-decurrentis Frogg., Proc. Linn. Soc. N. S. W. XXVI, 1901, p. 248, pl. XIV, fig. 7; XVI, fig. 5.

27. **acaciae-juniperinae** Frogg. — Australien N. S. W.
Psylla acaciae-juniperinae Frogg., Proc. Linn. Soc. N. S. W. XXVIII, 1903, p. 328, pl. IV, fig. 8; V, fig. 10.

28. **acaciae-pendulae** Frogg. — Australien N. S. W.
Psylla acaciae-pendulae Frogg., Proc. Linn. Soc. N. S. W. XXVI, 1901, p. 247, pl. XIV, fig. 1; XVI, fig. 13.

29. **acaciae-pycnanthae** Frogg. — Australien, Viktoria
Psylla acaciae-pycnanthae Frogg., Proc. Linn. Soc. N. S. W. XXVI, 1901, p. 243, pl. XIV, fig. 5.

30. **affinis** Löw. — Frankreich, Ungarn
Psylla affinis Löw, Verh. zool.-bot. Ges. Wien XXIX, 1879, p. 531, pl. XV, fig. 3, 4. — Oshanin, Verz. paläarkt. Hem. III, 1910, p. 194. — Reuter, p. 64.

31. **alaskensis** Ashm. — Alaska
Psylla alaskensis Ashm. Alaska VIII, 1904, p. 137.

32. **alaterni** Först. — Irland, Frankreich, Italien

Psylla alaterni Först., Verh. naturw. Ver. preuss. Rheinlande 1848, 3, p. 97 — *Rhamnus alaternus*. — Mey., Mitth. Schw. Ent. Ges. III, 1871, p. 397. — Löw, Verh. zool.-bot. Ges. Wien XXIX, 1879, p. 576 — Larve, *Rhamnus alaternus*. — Ferrari, Ann. Mus. Civ. Genova (2) VI, 1888, p. 75 — *Rhamnus alaternus*. — Börner, Sitz.-Ber. Ges. Naturf. Fr. Berlin, 1909, p. 307. — Sulc, Sitz.-Ber. Böhm. Ges. Wiss. No. XXII, 1909, p. 34. — Oshanin, Verz. paläarkt. Hem. II, 1907, p. 359.

= *Psylla flavopunctata* Flor, Kat. d. Rhynch. 1861, p. 367.

33. **albipes** Flor. — Südfrankreich, Deutschland, Österreich, Schweiz, England

Psylla albipes Flor, Bull. Soc. Imp. Nat. Moscou XXXIV, 1861, p. 364. — Löw, Verh. zool.-bot. Ges. Wien XXXVI, 1886, p. 152 (Austrian pine, Scots pine). — Reuter, Med. F. F. Fenn. I, 1876, p. 63. — Oshanin, Verz. paläarkt. Hem. II, 1907, p. 353. — Sulc, Sitz.-Ber. Böhm. Ges. Wiss. XXII, 1909, p. 18. — Edwards, Ent. M. Mag. XXIII, 1912, p. 65.

34. **albopontis** Kuw. — Japan, Sapporo

Psylla albopontis Kuw., Sapporo Trans. Nat. Hist. Soc. II, 1907, p. 162, 164. — Oshanin, Verz. paläarkt. Hem. III, 1910, p. 190.

35. **albovenosa** Kuw. — Japan, Honshu

Psylla albovenosa Kuw., Sapporo, Trans. Nat. Hist. Soc. II, 1907, p. 163, 176. — Oshanin, Verz. paläarkt. Hem. III, 1910, p. 194.

36. **alni** L. — England, Frankreich, Schweiz, Italien, Österreich, Ungarn, Böhmen, Deutschland, Schweden, Norwegen, Finnland, Russland media, Regio nearct. (Am. sept.), Japan

Chermes alni L., Faun. Suec. 1767, sp. 1008. — Thomson, Op. ent. 8, 1860, p. 831.

Psylla alni L., Degeer Mém. I, III, 1773, p. 148, pl. X, fig. 8—18 — Larve, *Alnus glutinosa* Grtn., *A. incana* DC. — Flor, Rh. Livl. 2, 1861, p. 460; Bull. Soc. N. Moscou 1861, No. 2, p. 342, 350, 353. — Witlaczil, Zeitschr. wiss. Zool. 42, 1885, p. 569, pl. XXI, fig. 18, 20, 21; XXII, fig. 69. — Först., Verh. naturw. Ver. preuss. Rheinlande 1848, 3, p. 70 — *Alnus glutinosa* Grtn. — Leth., Cat. Nord. 1874, p. 90. — Scott, Trans. Ent. Soc. London 1876, p. 532. — Oshanin, Verz. paläarkt. Hem. II, 1907, p. 356; III, 1910, p. 192. — Löw, Verh. zool.-bot. Ges. Wien XXVI, 1876, pl. II, fig. 26, 32—35. — Edw., Hem. Hom. Br. Isl. 1896, p. 248; pl. 27, fig. 4. — Reuter, Ent. Tidskr. 2, 1881, p. 161; Medd. F. F. Fenn. I, 1876, p. 70 — *Alnus glutinosa* Grtn., *A. incana* DC. — Blümml, Illustr. Zeitschr. Ent. IV, 1899, p. 305—308, fig. 13—16 — Genitalien. — Kuwayama, Trans. Nat. Hist. Sapporo II, 1907, p. 169. — Strand, Ent. Tidskr. 23, 1902, p. 270. — Sulc, Cas. Cesk. Spol. Ent. II, 1905, p. 3; Sitz.-Ber. Böhm. Ges. Wiss. XXII, 1909, p. 26.

= *Clethropsylla* Amyot, Ann. Soc. Ent. Fr. 1847, p. 459.

= *Psylla fuscinervis* Först., Verh. naturw. Ver. preuss. Rheinlande 1848, 3, p. 70. — Mey., Mitth. Schw. Ent. Ges. 3, 1871, p. 395.
= *Psylla heydeni* Först., l. c. p. 81. — Mey., l. c. p. 395 — *Alnus glutinosa* Grtn., *A. incana* DC. Larix.
var. *heydeni*.
var. *lutea* Sulc 1909.

37. **alpina** Först. — Frankreich, Schweiz, Deutschland, Österreich
Psylla alpina Först., Verh. naturw. Ver. preuss. Rheinlande 1848, 3, p. 81. — Flor, Bull. S. N. Moscou 1861, p. 374. — Puton, Ann. Soc. Ent. Fr. (5) I, 1871, p. 438 — *Alnus viridis*. — Sulc, Sitz-Ber. Böhm. Ges. Wiss. 1909, No. XXII, p. 25. — Mey., Mitth. Schweiz. Ent. Ges. 3, 1871, p. 396. — Oshanin, Verz. paläarkt. Hem. II, 1907, p. 356.

38. **amorphae** Maskell. — Nordamerika
Psylla amorphae Maskell, P. Jowa Ac. II, p. 155.

39. **ambigua** Först. — Deutschland, Livland, Japan, Russland, Schweiz, Skandinavien, Finnland, Grossbritannien, Frankreich, Österreich, Böhmen, Grönland (Regio nearctica), Ungarn, Sibirien
Psylla ambigna Först., Verh. naturw. Ver. preuss. Rheinlande 1848, 3, p. 79. — *Salix alba* L., *S. aurita* L., *S. caprea* L., *S. incana* Schrk. — Mey.-Dür, Mitth. Schw. Ent. Ges. 3, 1871, p. 400. — Löw., Verh. zool.-bot. Ges. Wien XXXII, 1882, p. 231. — Edw., Hem. Hom. Br. Isl. 1896, p. 244. — Kuw., Sapporo Trans. Nat. Hist. Soc. II, 1907, p. 161, 173. — Oshanin, Verz. paläarkt. Hem. II, 1907, p. 362; IV, 1910, p. 193. — Sulc, Wien. ent. Ztg. 1909, p. 24, 12.
= *Psylla stenolabis* Löw., Pet. nouv. ent. II, 1876, p. 65; Verh. zool.-bot. Ges. Wien XXVII, 1877, p. 144, pl. VI, fig. 10 a—b. — Sulc, Sitz.-Ber. Böhm. Ges. Wiss. 1909, No. XXII, p. 25; Cas. Cesk. Spol. Ent. II, 1905, p. 3 — *Salix caprea* L., *S. fragilis*. — Reuter, Ent. Tidskr. 2, 1881, p. 157. — *Salix caprea* L., *S. incana*. — Rübsaamen, Bibliotheca Zoolog. XX, 4, p. 110, pl. V, VI, figs. — *Salix glauca*; Gallen.
= *Psylla insignis* Först., Verh. naturw. Ver. preuss. Rheinlande 1848, 3, p. 74. — Mey.-Dür, Mitth. Schw. Ent. Ges. 3, 1871, p. 400.
= *Psylla melina* Flor, Rhynch. Livl. II, 1861, p. 477; Bull. S. N. Moscou 1861, No. 2, p. 345, 358. — Kuw., Sapporo Trans. Nat. Hist. Soc. II, 1907, p. 162, 172.
= *Chermes annellata* Thoms., Opusc. ent. VIII, 1878, p. 836 — *Salix alba* L., *S. aurita* L., *S. caprea* L., *S. incana* Schrk., *C. fragilis*, *S. glauca*.

40. **annulata** Fitch. — Albany
Psylla annulata Fitch., Fourth ann. Report. cond. State Cab. Albany 1851.

41. **arctica** Walk. — Alaska
Aphalara arctica Walk., List. Hom. B. M. pt. IV, p. 931. — Scott, Trans. Ent. Soc. London 1882, pl. XIX, fig. 1.
Psylla arctica Walk., Schwarz, Proc. Wash. Acad. Sci. II, 1900, p. 539.

42. **arisana** Kuw. — Formosa
Psylla arisana Kuw., Sapporo, Trans. Nat. Hist. Soc. II, 1907, p. 168.

43. **betulae** L. — Schweiz, Deutschland, England, Schweden, Norwegen, Finnland, Russland media, Japan
Chermes betulae L. Faun. suec. sp. 1007, 1761. — Thoms., Opusc. ent. 8, p. 832, 1869. — Först., Verh. naturw. Ver. preuss. Rheinlande 1848, 3, p. 70 — *Betula alba.*
Psylla betulae L., Flor, Rh. L. 2, 1861, p. 461; Bull. N. S. Moscou 1861, p. 343, 350, 353. — Löw., Verh. zool.-bot. Ges. Wien. 1879, p. 577. — Edw., Hem. Hom. Br. Isl. 1896, p. 246, pl. 28, fig. 5. — Reuter, Ent. Tidskr. 2, 1881, p. 159. — *Betula alba, B. nana*; Medd. Fauna Fl. Fenn. I, 1876, p. 70 — *Betula alba.* — Kieffer, Ent. Nachr. XV, 1889, p. 222 — Larve. — Strand, Ent. Tidskr. 23, 1902, p. 270. — Kuwayama, Sapporo Trans. Nat. Hist. Soc. II, 1907, p. 170. — Sulc. Sitz.-Ber. Böhm. Ges. Wiss. 1909, No. XXII, p. 26 — Oshanin, Verz. paläarkt. Hem. II, 1907, p. 357; III, 1910, p. 192.
= *Chermes zetterstedti* Thoms., Opusc. ent. 8, 1878, p. 832 — *Betula alba, B. nana.*

44. **bidens** Sulc. — Frankreich
Psylla bidens Sulc, Cas. Cesk. Spol. Entomol. 4, 1907, p. 110—116, fig. 1—10 (p. 111). — Sitz.-Ber. Böhm. Ges. Wiss. 1909, No. XXII, p. 22. — Oshanin, Verz. paläarkt. Hem. III, 1910, p. 189.

45. **borealis** Horvàth. — Grönland
Psylla borealis Horvàth, Ann. Nat. Mus. Hung. 6, 1908, p. 568—569.

46. **breviantennata** Fl. — Frankreich, Russland, Deutschland, Österreich, Böhmen, Ungarn, Schweiz
Psylla breviantennata Fl., Kat. d. Rhynch. 1861, p. 375. — v. Frauenfeld, Verh. zool.-bot. Ges. Wien XVI, 1866, p. 978 — Larve, *Sorbus aria* L. — Löw, Verh. zool.-bot. Ges. Wien XXVI, 1876, pl. I, fig. 11—13, p. 204 — Larve, *Sorbus aria* L. — Puton, Ann. Soc. Ent. Fr. (5) I, 1871, p. 438. — Sulc, Sitz.-Ber. Böhm. Ges. Wiss. 1909, No. XXII, p. 17. — Oshanin, Verz. paläarkt. Hem. II, 1907, p. 351.
= *Psylla terminalis* Mey., Mitth. Schw. Ent. Ges. 3, 1871, p. 392, 395. — *Sorbus aria* L.

47. **brunnea** Prov. — Canada
Psylla brunnea Prov., Nat. Canad. IV, 1872, p. 379.

48. **buxi** L. — Irland, England, Deutschland, Österreich, Böhmen, Ungarn, Schweden, Portugal, Frankreich, Nordamerika
Chermes buxi L., Syst. Nat. I, pl. 2, 1767, p. 738. — Thoms. Opusc. ent. 8, 1876, p. 831. — Réaumur, Mém. T. III, 1737, p. 351—362, pl. XXIX, fig. 1—12. — Westwood, Gard. Chronicle 1852, p. 517, fig.
Psylla buxi L., Leth., Cat. Nord. 1874, p. 90. — Scott, Trans. Ent. Soc. London 1876, p. 534. — Mey., Mitth. Schw. Ent. Ges. 3, 1871, p. 399. — Witlaczil, Zeitschr. wiss. Zool. 42, 1885, p. 569, pl. XXI, figs. 16, 24, 28, 30, 36; XXII, figs. 51, 67, 68. — Löw, Verh. zool.-bot. Ges. Wien XXXI,

1881, p. 169. — Edw., Hem. Hom. Br. Isl. 1896, p. 249, pl. 28, fig. 7. — Reuter, Ent. Tidskr. 2, 1881, p. 161. — Scott, Ent. M. Mag. XVII, 1880—1881, p. 18. — Tavares, Annaes naturaes VII, 1900, p. 81 — *Buxus sempervirens* L. — Gadeau de Kerville, Bull. Soc. Ann. Sci. nat. Rouen 1900, 2. sem., p. 289 — *Buxus*. — Hieronymus, Pax, Herbarium cecidiologicum, fasc. IX, 1901, No. 254 — *Buxus sempervirens* L. — Trotter & Cecconi, Cecidotheca italica, fasc. V, 1902 — *B. sempervirens* L. — Houard, Zoocecidies des Plantes d'Europe 1908. p. 672, No. 3908 — *B. sempervirens* L. — Riley, Rep. Ent. p. 410. — Oshanin, Verz. paläarkt. Hem. II, 1907, p. 357. — Sulc, Cas. Cesk. Spol. Ent. II, 1905, p. 3; Sitz.-Ber. Böhm. Ges. Wiss. 1909, No. XXII, p. 19 — *Buxus sempervirens* L.

49. **candida** Frogg. — Australien, N. S. W.
Psylla candida Frogg., Proc. Linn. Soc. N. S. W. XXVI, 1901, p. 252, pl. XIV, fig. 12; XVI, fig. 16.

50. **capparis** Frogg. — Australien, N. S. W.
Psylla capparis Frogg., Proc. Linn. Soc. N. S. W. XXVI, 1901, p. 250, pl. XIV, fig. 6; XVI, fig. 14.

51. **carpini** Fitch. — Albany
Psylla carpini Fitch., Fourth annual Report on the Cond. of the State Cab. Albany 1851.

52. **cedrelae** Kieff. — Amerika
Psylla cedrelae Kieff., Ann. Soc. scient. Bruxelles XXIX, 1904—1905, p. 32, fig. 11; pl. II, fig. 20.

53. **celtidis-cucurbita** Riley. — ”
Psylla celtidis-cucurbita Riley, Canad. Ent. XV, p. 157.

54. **cistellata** Buckt. — Ostindien
Psylla cistellata Buckt., Indian Mus. Notes III, 1896, p. 91. — Cotes, Indian Mus. Notes V, III, 1896, p. 13. — *Mangifera indica* L., Gallen an Knospen.

55. **colorata** Löw. — Goriz-Illyrien
Psylla colorata Löw, Verh. zool.-bot. Ges. Wien XXXVIII, 1888, p. 32. — Sulc, Sitz.-Ber. Böhm. Ges. Wiss. 1909, No. XXII, p. 30. — Oshanin, Verz. paläarkt. Hem. II, 1907, p. 358.

56. **concinna** Edw. — England
Psylla concinna Edw., Hem. Hom. Br. Isl. 1896, p. 237, pl. 26, fig. 7. — Oshanin, Verz. paläarkt. Hem. II, 1907, p. 350.

57. **corcontum** Sulc. — Böhmen
Psylla corcontum Sulc, Vestn. Cesk. Spol. Nauk. 1909, p. 46; Sitz.-Ber. Böhm. Ges. Wiss. 1909, No. XXII, p. 34.

58. **coriacea** Horváth. — Ungarn
Psylla coriacea Horváth, Rev. d'Ent. 1885, p. 165.

59. **costalis** Fl. — Schweiz, Deutschland, Österreich,
Psylla costalis Fl., Kat. d. Rhynch. 1861, p. 373. Löw, Verh. zool.-bot. Ges. Wien XXIX, 1879, p. 572. — Edw., Hem. Hom. Br. Isl. 1896, p. 247,

pl. 26, fig. 10. — Oshanin, Verz. paläarkt. Hem. II, 1907, p. 353, 354; III, 1910, p. 190. — Reuter, Medd. F. F. Fenn. I, 1876, p. 63 — Biologie. — Sulc, Sitz.-Ber. Böhm. Ges. Wiss. 1909, No. XXII, p. 29; Cas. Cesk. Spol. ent. II, 1905, p. 2. — Russland (Finnland-Livland), Grossbritannien, Frankreich, Böhmen, Skandinavien

= *Psylla nobilis* Mey.-Dür, Mitth. Schw. Ent. Ges. III, 1871, p. 394, 397.

= *Psylla pyrastri* Löw, Pet. nouv. ent. 2, 1876, p. 65; Verh. zool.-bot. Ges. Wien XXVII, 1877, p. 146; pl. VI, fig. 11 — Larve, *Pyrus malus* L.

= *Psylla chlorostigma* Löw, Verh. zool.-bot. Ges. Wien XXXVI, 1886, p. 153, pl. VI, fig. 11.

= *Psylla costalis* Sulc, Acta Soc. Ent. Bohem. IV, 1907, p. 115 — *Pyrus malus* L.

60. **crataegi** Schrk. — Böhmen, Deutschland, England, Frankreich, Österreich, Ungarn, Rumänien, Italien, Spanien, Schweden, Ligurien

Chermes crataegi Schrk., F. boic. II, 1801, p. 142.

Psylla crataegi Löw, Verh. zool.-bot. Ges. Wien XXXII, 1882, p. 235. — Reuter, Medd. F. F. Fenn. I, 1876, p. 63 — Biologie. — v. Frauenfeld, Verh. zool.-bot. Ges. Wien 1864, p. 691, pl. XIV — *Crataegus oxyacantha* L. — Kaltenbach, Pflanzenfeinde 1874, p. 213, No. 99 — *Crat. oxyacantha* L. — Löw, Verh. zool.-bot. Ges. Wien XXIX, 1879, p. 571, pl. XV, fig. 17 — Larve, *Crat. oxyacantha* L.; l. c. XXVII, 1877, p. 131. — Reuter, Ent. Tidskr. 2, 1881, p. 155 — *Crat. oxyacantha* L. — Ferrari, Ann. Mus. Civ. Genova (2) VI, 1888, p. 75 — *Quercus*. — Dalla Torre, Ber. nat. med. Ver. Innsbruck t. XX, 1892, p. 118 — *Crat. oxyacantha* L. — Houard, Zoocécidies des Plantes d'Europe 1908, p. 515, No 2951 — *Crat. oxyacantha* L. — Sulc, Cas. Cesk. Spol. Ent. II, 1905, p. 2 — *Crat. oxyacantha* L.; Sitz.-Ber. Böhm. Ges. Wiss. 1909, No. XXII, p. 18. — Löw, Verh. zool.-bot. Ges. Wien XXXII, 1882, p. 235. — Edw., Hem. Hom. Br. Isl. 1896, p. 239, pl. 26, fig. 9. — Oshanin, Verz. paläarkt. Hem. II, 1907, p. 353.

= *Chermes quercus* Thoms., Opusc. ent. VIII, 1878, p. 834.

= *Chermes puncticosta* Thoms., l. c. p. 834.

= *Psylla costatopunctata* Först., Verh. naturw. Ver. preuss. Rheinlande 1848, 3, p. 76. — Reuter, Ent. Tidskr. 2, 1881, p. 154 — *Crat. oxyacantha* L. — Mey.-Dür, Mitth. Schw. Ent. Ges. 3, 1871, p. 396. — Scott, Trans. Ent. Soc. London 1876, p. 547, pl. VIII, fig. 8.

= *Psylla ferruginea* Först., l. c. p. 79. — Mey.-Dür, Mitth. Schw. Ent. Ges. 3, 1871, p. 396. — Scott, Trans. Ent. Soc. London 1876, p. 547, pl. VIII, fig. 7.

= *Psylla triozoides* Leth., Cat. Hém. 1874, p. 89.

= *Chermes annulicornis* Boh., K. Vet. Ak. Handl. 1851, p. 124 — *Crataegus oxyacantha* L., *Quercus*.

61. **cytisi** Put. — Frankreich, Italien, Algerien, Spanien, Corsica, Dalmatien, Ligurien
Psylla cytisi Put., Ann. Soc. Ent. Fr. (5) VI, 1873, p. 284. — Ferrari, Ann. Mus. Civ. Genova (2), VI, 1888, p. 75 — *Calycotome spinosa*. — Sulc, Sitz.-Ber. Böhm. Ges. Wiss. 1909, No. XXII, p. 31. — Oshanin, Verz. paläarkt. Hem. II, 1907, p. 363 — *Calycotome spinosa*.

62. **coccinea** Kuw. — Japan, Hakkodate, Kiushu
Psylla coccinea Kuw., Sapporo Trans. Nat. Hist. Soc. II, 1907, p. 171.

63. **coffeae** Vall. — Nordafrika
Psylla coffeae Vall., Compt. Rend. 1836, T. III, p. 72.

64. **delarbraei** Put. — Frankreich, Spanien
Psylla delarbraei Put., Ann. Soc. Ent. Fr. (5), III, 1873, p. 21. — Sulc, Sitz.-Ber. Böhm. Ges. Wiss. 1909, No. XXII, p. 31. — Oshanin, Verz. paläarkt. Hem. II, 1907, p. 362.

65. **diospyri** Ashm. — Florida
Psylla diospyri Ashm., Canad. Ent. XIII, 1881, p. 222, fig. 12 — Biologie, Entwicklungsstadien.

66. **dudai** Sulc. — Böhmen, Österreich, Ungarn, Schweiz, Deutschland, Russland
Psylla dudai Sulc, Acta Soc. ent. Boh. 1904, p. 101; Wien. ent. Zeitg. XXVIII, 1909, p. 20; Sitz.-Ber. Böhm. Ges. Wiss. 1909, No. XXII, p. 19.
= *Psylla ornata* Mey.-Dür (prtm.) Mitth. Schw. Ent. Ges. 3, 1871, p. 393.
= *Psylla salicicola* Löw, (prtm.) Verh. zool.-bot. Ges. Wien XXVI, 1876, p. 187—216.

67. **duvauae** Scott. — Buenos Aires
Psylla duvauae Scott, Trans. Ent. Soc. London 1882, p. 443, pl. XVIII, fig. 1—19. — Ihering, Revista do Museu Paulista II, 1897, p. 396 — *Duvaua dependens* — Blatt-Gallen; Ent. Nachr. Berlin XI, 1885, p. 129—132 — *Duvaua dependens* — Gallen.

68. **elaeagni** Kuw. — Japan, Hokkaido, Honshu, Kiushu
Psylla elaeagni Kuw., Sapporo Trans. Nat. Hist. Soc. II, 1907, p. 164. — Oshanin, Verz. paläarkt. Hem. III, 1910, p. 190.

69. **elegantula** Zett. — Skandinavien, Finnland, Schweiz, Deutschland, Österreich, Böhmen, Ungarn, Russland (Lappland)
Chermes elegantula Zett., Ins. Lapp. 1840, p. 310. — Thoms., Opusc. ent. 8, 1876, p. 837.
Psylla elegantula Löw, Verh. zool.-bot. Ges. Wien XXXII, 1882, p. 237. — Reuter, Medd. F. F. Fenn. I, 1876, p. 64 — Biologie. — Sulc, Wien. Ent. Zeitg. XXVIII, 1909, p. 18. — Reuter, Ent. Tidskr. 2, 1881, p. 159, fig. — Sulc, Sitz.-Ber. Böhm. Ges. Wiss. 1909, No. XXII, p. 36. — Oshanin, Verz. paläarkt. Hem. II, 1907, p. 360; III, 1910, p. 192.
= *Psylla ornata* Mey.-Dür, (prtm.) Mitth. Schw. Ent. Ges. III, 1871, p. 393, 397.

70. **fasciata** Löw. — S. Russland, Turkestan
Psylla fasciata Löw, Verh. zool.-bot. Ges. Wien XXX, 1880, p. 259, pl. VI, fig. 6a, 6b. — Sulc, Sitz.-Ber. Böhm. Ges. Wiss. 1909, No. XXII,

p. 22. — Oshanin, Verz. paläarkt. Hem. II, 1907, p. 350.
= *Psylla sarmatica* Löw, Wien. Ent. Ztg. I, 1882, p. 93, fig. 1—3.
= *Psylla spiraeae* Beck., i. litt. (prtm.) — *Spiraea.*

71. **floccosa** Patch. — Maine
Psylla floccosa Patch, Canad. Ent. 41, 1909, p. 301, pl. IX; Ann. Ent. Soc. Amer. II, p. 117.

72. **flori** Put. — Russland, Livland, Finnland, Skandinavien,
Psylla flori Put., Ann. Soc. Ent. Fr. 1871, p. 437. — Reuter, Medd. F. F. Fenn. I, 1876, p. 70. — Sulc, Sitz.-Ber. Böhm. Ges. Wiss. 1909, No. XXII, p. 23. — Oshanin, Verz. paläarkt. Hem. II, 1907, p. 353.
= *Psylla insignis* Fl. (nec. Först.), Rhynch. Livl. II, 1861, p. 465; Bull. S. N. Moscou 1861, No. 2, p. 341, 347, 355.
= *Psylla sarmatica* Löw, Wien. ent. Ztg. I, 1882, p. 93, fig. 1—3.
= *Psyllae spireae* Beck. i. litt. (prtm.)

73. **försteri** Fl. — Deutschland, Steiermark, Böhmen, Livland, Norwegen, Schweden, Ligurien, England, Frankreich, Spanien, Italien, Österreich, Ungarn, Finnland, Russland media Japan (Sappporo).
Psylla försteri Fl., Rhynch. Livl. II, 1861, p. 458; Bull. S. Nat. Moscou 1861, No. 2, p. 338, 346, 353. — Witlaczil, Zeitschr. wiss. Zool. 42, 1885, p. 569, pl. XXI, fig. 14; XXII, fig. 49, 52, 55, 64. — Leth., Cat. Nord. 1874, p. 88. — Scott, Trans. Ent. Soc. London 1876, p. 531. — Edw., Hem. Hom. Br. Isl. 1896, p. 248, p,. 28, f. 6. — Löw, Verh. zool.-bot. Ges. Wien XXVI, 1876, p. 201, pl. II, fig. 27—31 — *Alnus glutinosa* Grtn., *A. incana* DC. — Reuter, Ent. Tidskr. 2, 1881, p. 160 — *Alnus glutinosa* Grtn. — Medd. F. F. Fenn. 1, 1876, p. 70 — *Aln. glutinosa* Grtn. — Ferrari, Ann. Mus. Civ. Genova (2) VI, p. 75, 1888 — *Al. glutinosa* Grtn. — Kuwayama Sapporo Trans. Nat. Hist. Soc. II, 1907, p. 169. — Strand, Ent. Tidskr. 23, 1902, p. 270. — Sulc, Cas. Cesk. Spol. Ent. II, 1905, p. 3; Sitz.-Ber. Böhm. Ges. Wiss. 1909, No. XXII, p. 30. — Blümml, Illustr. Zeitschr. Ent. IV, 1899, p. 305—308, fig. 9—12 — Genitalien. — Oshanin, Verz. paläarkt. Hem. II, 1907, p. 357; III, 1910, p. 192.
= *Chermes försteri* Thoms., Opusc. ent. 8, 1876, p. 831.
= *Psylla alni* Först., (nec L.), Verh. naturw. Ver. preuss. Rheinlande 1848, 3, p. 70. — Serv., Encycl. méth. X, 1825, p. 229 — *Alnus glutinosa* Grtn., *A. incana* DC.

74. **frenchi** Frogg. — Australien, N. S. W.
Psylla frenchi Frogg., Proc. Linn. Soc. N. S. W. XXVI, 1901, p. 245, pl. XIV, fig. 4; XVI, fig. 2.

75. ? **frontalis** Rud. — N. Deutschland
Psylla frontalis Rud., Progr. Realschule Neustadt-Eberswalde 1874, p. 8 — *Vinca major.*

76. **fulguralis** Kuw. — Japan, Honshu
Psylla fulguralis Kuw., Sapporo Trans. Nat. Hist. Soc. II, 1907, p. 177, fig. 17.

77. **fusca** Zett. — Livland, Schweden, Norwegen, Böhmen, Österreich, Ungarn, Lappland, Finnland, Russland media
Chermes fusca Zett., F. Ins. Lapp. I, 1828, p. 552; F. Lapp. 1840, p. 307.
Psylla fusca Löw, Verh. zool.-bot. Ges. Wien XXXII, 1882, p. 239. — Reuter, Ent. Tidskr. 2, 1881, p. 166 — *Alnus glutinosa* Grtn., *Aln. incana* DC. — Strand, Ent. Tidskr. 23, 1902, p. 270. — Sulc, Sitz.-Ber. Böhm. Ges. Wiss. 1909, No. XXII, p. 20. — Oshanin, Verz. paläarkt. Hem. II, 1907, p. 356.
= *Psylla perspicillata* Flor, Rhynch. Livl. II, 1861, p. 457 — *Alnus incana* DC. — Reuter, Medd. F. F. Fenn. I, 1876, p. 71 — *Alnus incana* DC.
= *Chermes fuscula* Thoms., Opusc. ent. VIII, 1878, p. 830 — *Alnus glutinosa* Grtn., *Aln. incana* DC.

78. ? **fuscipes** Hartig. — Deutschland, Österreich
Psylla fuscipes Hartig, Germ. Zeitschr. Ent. III, 1841, p. 374. — Oshanin, Verz. paläarkt. Hem. II, 1907, p. 364.

79. ? **geniculata** Rud. — N. Deutschland
Psylla geniculata Rud., Programm Realschule Neustadt-Eberswalde 1874, p. 9 — *Salix*. — Oshanin, Verz. paläarkt. Hem. II, 1907, p. 364 — *Salix*.

80. **glycyrrhizae** Beck. — Russland merid., Kaukasus, Turkestan, Ungarn
Psyllodes glycyrrhizae Beck., Bull. Soc. Imp. Nat. Moscou XXXVII, 1864, p. 486.
Psylla glycyrrhizae Löw, Verh. zool.-bot. Ges. Wien XXX, 1880, p. 262, pl. VI, fig. 8a—8b. — Horváth, Ann. Mus. Hung. II, 1904, p. 579. — Sulc, Sitz.-Ber. Böhm. Ges. Wiss. 1909, No. XXII, p. 21. — Oshanin, Verz. paläarkt. Hem. II, 1907, p. 351.

81. **gracilis** Frogg. — Australien, N. S. W., Condobolin
Psylla gracilis Frogg., Proc. Linn. Soc. N. S. W. XXVIII, 1903, p. 327, pl. IV, fig. 7.

82. **hakonensis** Kuw. — Japan, Honshu
Psylla hakonensis Kuw., Sapporo Trans. Nat. Hist. Soc. II, 1907, p. 176.

83. **hartigi** Fl. — Deutschland, Österreich, Frankreich, Schweiz, Livland, Schweden, Böhmen, England, Finnland, Russland media
Psylla hartigi Fl., Rhynch. Livl. II, 1861, p. 469. — Reuter, Ent. Tidskr. 2, 1881, p. 159. — Sulc, Cas. Cesk. Spol. Ent. II, 1905, p. 3; Sitz.-Ber. Böhm. Ges. Wiss. 1909, No. XXII, p. 24. — Flor, Bull. S. N. Moscou 1861, No. 2, p. 343, 351, 364. — Löw, Verh. zool.-bot. Ges. Wien XXVII, 1877, p. 130; XXIX, 1879, p. 377. — Edw., Hem. Hom. Br. Isl. 1896, p. 244, pl. 28, fig. 4. — Reuter, Medd. F. F. Fenn. 2, 1881, p. 159. — Oshanin, Verz. paläarkt. Hem. II, 1907, p. 358.
= *Chermes hartigii* Thoms., Opusc. ent. 8, 1876, p. 838.

= *Psylla sylvicola* Leth., Cat. Hém. Nord. 1874, p. 90. — Reuter, Medd. F. F. Fenn. I, 1876, p. 73 — *Myrtillus nigra.* — Scott, Trans. Ent. Soc. London 1876, p. 539 — *Myrtillus nigra.*

84. **hexastigma** Horv. — Sibirien or., Japan (Hokkaido)
Psylla hexastigma Horv., Termesz. Füzetek XXII, 1899, p. 373. — Kuw., Sapporo Trans. Nat. Hist. Soc. II, 1907, p. 163. — Oshanin, Verz. paläarkt. Hem. II, 1907, p. 353; III, 1910, p. 190.

85. **hippophaës** Först. — Deutschland, Österreich, Frankreich, England, Russland, Finnland, Böhmen,
Psylla hippophaës Först., Verh. naturw. Ver. preuss. Rheinlande 1848, 3, p. 73. — Löw, Verh. zool.-bot. Ges. Wien XXVII, p. 129, 1877, pl. VI, fig. 3; l. c. XXXVIII, 1888, p. 17, No. 46; p. 17—18, No. 47; p. 28, No. 113 *Hippophaës rhamnoides* L. — Dalla Torre, Ber. nat. med. Ver. Innsbruck XX, 1892, p. 133 — *Hipp. rhamnoides* L. — Houard, Zoocécidies des Plantes d'Europe 1908, p. 749, No. 4319 — *Hipp. rhamnoides* L. — Sulc, Sitz.-Ber. Böhm. Ges. Wiss. 1909, No. XXII, p. 37. — Mey.-Dür, Mitth. Schw. Ent. Ges. 3, 1871, p. 400. — Leth., Cat. Nord. 1874, p. 91. — Scott, Trans. Ent. Soc. London 1876, p. 535. — Edw. Hem. Hom. Br. Isl. 1896, p. 243. — Oshanin, Verz. paläarkt. Hem. II, 1907, p. 358 — *Hippophaë rhamnoides* L.

86. ? **humuli** Schrk. — Deutschland, Österreich
Psylla humuli Schrk., Faun. boic. 2, p. 141. — Löw, Verh. zool.-bot. Ges. Wien XXXII, 1882, p. 240. — Oshanin, Verz. paläarkt. Hem. II, 1907, p. 363.

87. **ilicina** Stef. — Sicilien, Italien,
Psylla ilicina Stef. Per., Nuovo Giorn. bot. Ital. n. s. VIII, 1901, p. 441—547, No. 13 — *Quercus ilex* L. — Trotter, Coimbra, Bol. Soc. Brot. t. XVIII, 1901, p. 370, No. 32 — *Quercus ilex* L. — Stefani, Naturalista sicil. Palermo 1901, p. 446—447, XVIII, 1906, No. 163 — *Quercus ilex* L. — Trotter & Cecconi, Cecidotheca italica fasc. XVIII, 1908, No. 429. — Houard, Zoocécidies des Plantes d'Europe 1908, No. 1548, p. 286 — *Quercus ilex* L. — Oshanin, Verz. paläarkt. Hem. II, 1907, p. 363 — *Quercus ilex* L.

88. **intermedia** Löw. — Goriz, Böhmen, Illyrien, Österreich
Psylla intermedia Löw, Verh. zool.-bot. Ges. Wien XXXVIII, 1888, p. 33. — Sulc, Sitz.-Ber. Böhm. Ges. Wiss. 1909, No. XXII, p. 23. — Oshanin, Verz. paläarkt. Hem. II, 1907, p. 360.

89. **isitis** Buckt. — Calcutta
Psylla isitis Buckt. Indian Mus. Notes II, 1893, p. 18.

90. **iteophila** Löw. — Deutschland, Skandinavien, Russland, Finnland,
Psylla iteophila Löw, Verh. zool.-bot. Ges. Wien XXVI, 1876, p. 196, 198, pl. I, fig. 4—5 — *Salix incana* Schrk. — Sulc, Sitz.-Ber. Böhm. Ges. Wiss. 1909, No. XXII, p. 19; Wien. Ent.

Ztg. 1909, p. 15. — Oshanin, Verz. paläarkt. Hem. II, 1907, p. 361; III, 1910, p. 193. = *Psylla salicicola* Reut., Medd. F. F. Fenn. I, 1876, p. 70. — Oshanin, l. c. — *Salix incana* Schrk. — Österreich, Böhmen, Spanien

91. **jamatonica** Kuw. — Japan: Hokkaido, Tokio, Honshu
Psylla jamatonica Kuw., Sapporo Trans. Nat. Hist. Soc. II, 1907, p. 167. — Oshanin, Verz. paläarkt. Hem. III, 1910, p. 191.

92. **kilimandjaroënsis** Enderl. — D. O. Afrika: Kilimandjaro, Kibonoto
Psylla kilimandjaroënsis Enderl., Sjöstedt's Zool. Kilimandjaro-Meru-Exped. 1910, p. 142.

93. **kiushuensis** Kuw. — Japan: Kiushu, Formosa
Psylla kiushuensis Kuw., Sapporo Trans. Nat. Hist. Soc. II, 1907, p. 162, 174. — Oshanin, Verz. paläarkt. Hem. III, 1910, p. 194.

94. **klapaleki** Sulc. — Österreich, Ungarn, Siebenbürgen, England
Psylla klapaleki Sulc, Wien. ent. Ztg. 28, 1909, p. 17, 24; Sitz.-Ber. Böhm. Ges. Wiss. 1909, No. XXII, p. 33. — Oshanin, Verz. paläarkt. Hem. III, 1910, p. 193.
= *Psylla ornata* Mey-Dür, (prtm.) Mitth. Schw. Ent. Ges. 3, 1871, p. 393.
= *Psylla salicicola* Löw, (prtm.) Verh. zool.-bot. Ges. Wien 1876, XXVI, p. 187—216.
= *Psylla elegantula* Mey.-Dür. (prtm.), Mitth. Schw. Ent. Ges. 3, 1871, p. 377—406.

95. **ledi** Fl. — Livland, Scandinavien, Finnland, Russland
Psylla ledi Fl., Rhynch. Livl. II, 1861, p. 473; Bull. S. N. Moscou 1861, No. 2, p. 345, 358. — Löw, Verh. zool.-bot. Ges. Wien XXXVI, 1886, p. 157. — Sulc, Sitz.-Ber. Böhm. Ges. Wiss. 1909, No. XXII, p. 21. — Strand, Ent. Tidskr. 23, 1902, p. 270. — Reuter, Ent. Tidskr. 2, 1881, p. 158. — Houard, Zoocécidies des Plantes d'Europe 1908, p. 787, No. 4549 — *Ledum palustre*. — Frank, Krankheiten der Pflanzen III, Breslau 1896, p. 181, No. 21. — Reuter, Medd. F. F. Fenn. I, 1876, p. 71 — *Ledum palustre*. — Oshanin, Verz. paläarkt. Hem. II, 1907, p. 358; III, 1910, p. 192. —
= *Chermes lutea* Thoms., Opusc. ent. 8, 1878, p. 833 — *Ledum palustre*.

96. **lemurica** Sulc. — Madagascar
Psylla lemurica Sulc, Cas. Cesk. Spol. Entom. 1908, p. 77, fig. (p. 79).

97. **lidgetti** Mask. — Australien, Viktoria
Psylla lidgetti Mask., Tr. Soc. S. Austr. XXII, p. 5, pl. I, fig. 1—4.

98. **limbata** Mey.-Dür. — Frankreich, Schweiz
Psylla limbata Mey.-Dür, Mitth. Schw. Ent. Ges. 3, 1871, p. 392, 395. — Löw, Verh. zool.-bot. Ges. Wien XXIX, 1879, p. 578, pl. XV, fig. 19—21. — Reuter, Medd. F. F. Fenn. I, 1876, p. 65 — Biologie. — Sulc, Sitz.-Ber. Böhm. Ges. Wiss. 1909, No. XXII, p. 17. — Oshanin, Verz. paläarkt. Hem. II, 1907, p. 362.

99. **löwii** Scott. — S. England

Psylla löwii Scott, Trans. Ent. Soc. London, 1876, p. 541, pl. VIII, fig. 9. — Edw., Hem. Hom. Br. Isl. 1896, p. 245. — Reuter, Medd. F. F. Fenn. I, 1876, p. 63 — Biologie. — Sulc, Sitz.-Ber. Böhm. Ges. Wiss. 1909, No. XXII, p. 37. — Oshanin, Verz. paläarkt. Hem. II, 1907, p. 358.

100. **luteola** Erichs. — Vandiemensland.

Psylla luteola Erichs., Archiv f. Naturg. 8, I, 1842, p. 286.

101. **magnifera** Kuw. — Japan: Hokkaido.

Psylla magnifera Kuw., Sapporo Trans. Nat. Hist. Soc. II, 1907, p. 170.

102. **magnoliae** Ashm. — Florida

Psylla magnoliae Ashm., Canad. Ent. XIII, 1881, p. 224 — Larve; Biologie.

103. **mali** Schdbg. — England, Frankreich, Schweiz, Österreich, Ungarn, Deutschland, Schweden, Finnland, Russland media, Kaukasus, Japan (Hokkaido), Böhmen, Irland

Chermes mali Schdbg., Beitr. z. Nat. schädl. Ins. IV, 1836, p. 186—199 — Larve. — Thomson, Opusc. ent. 8, 1876, p. 835.

Psylla mali Först., Verh. naturw. Ver. preuss. Rheinlande 1848, 3, p. 72. — Mey.-Dür, Mitth. Schw. Ent. Ges. 3, 1871, p. 398. — Flor, Rhynch. Livl. 2, 1861, p. 476; Bull. S. N. Moscou 1861, No. 2, p. 345, 350, 358. — Leth., Cat. Nord 1874, p. 91. — Scott, Trans. Ent. Soc. London 1876, p. 542. — Löw, Verh. zool.-bot. Ges. Wien XXVII, 1877, p. 135; XXXII, 1882, p. 242. — Edw., Hem. Hom. Br. Isl. 1896, p. 247. — Scott, Ent. M. Mag. XXII, 1885—1886, p. 281 — Nymphe. — Ormerod, Report 1890, p. 4—15. — Schreiner, St. Petersburg 1906, Tr. b. ent. Ucen. Kom. Gl. Upr. Zeml. 5, 5, 1907. — Biologie, Bekämpfung. — Kollar, Naturg. d. schädl. Insekten 1837, p. 284 — Larve; *Pyrus malus, P. communis* L. — Reuter, Medd. F. F. Fenn. I, 1876, p. 63 — Biologie. — Kuwayama, Sapporo Trans. Nat. Hist. Soc. II, 1907, p. 167. — Sulc, Sitz.-Ber. Böhm. Ges. Wiss. 1909, No. XXII, p. 27. — Lampa, Entom. Tidskr. XVIII, p. 24. — Sulc, Cas. Cesk. Spol. Ent. II, 1905, p. 2 — *Malus, Quercus.* — Reuter, Ent. Tidskr. 2, 1881, p. 155 — *Pyrus malus, Sorbus aucuparia*; Medd. F. F. Fenn. I, 1873, p. 716 — *Ulmus, Pyrus, Sorbus, Corylus.* — Oshanin, Verz. paläarkt. Hem. II, 1907, p. 355; III, 1910, p. 191.

= *Psylla dubia* Först., Verh. naturw. Ver. preuss. Rheinlande 1848, 3, p. 73. — Mey.-Dür, Mitth. Schw. Ent. Ges. 3, 1871, p. 398.

= *Psylla aeruginosa* Först., l. c. p. 97. — Mey.-Dür, l. c. p. 399.

= *Psylla crataegicola* Först., l. c. p. 72. — Mey.-Dür, l. c. p. 399.

= *Psylla occulta* Först., l. c. p. 98. — Mey.-Dür, l. c. p. 400.

= *Psylla rubida* Mey.-Dür, l. c. p. 393, 398.
= *Psylla claripennis* Mey.-Dür, l. c. p. 400.
= *Psylla viridissima* Scott, Trans. Ent. Soc. London 1876, p. 543 — *Pyrus malus, P. communis* L., *Sorbus aucuparia, Quercus, Ulmus, Corylus.*

104. ? **marginata** Hartig. — Deutschland
Psylla marginata Hartig, Germ. Zeitschr. Ent. 3, p. 374.

105. **melanoneura** Först. — England, Deutschland, Österreich, Ungarn, Schweiz, Frankreich, Spanien, Transkaukasien, Sibirien, Böhmen
Psylla melanoneura Först., Verh. naturw. Ver. preuss. Rheinlande 1848, 3, p. 75. — Mey.-Dür, Mitth. Schw. Ent. Ges. 3, 1871, p. 396. — Löw, Verh. zool.-bot. Ges. Wien 1882, p. 243. — Edw., Hem. Hom. Br. Isl. 1896, p. 242, pl. 28, fig. 2. — Reuter, Medd. F. F. Fenn. I, 1876. p. 64 — Biologie. — Sulc, Sitz.-Ber. Böhm. Ges. Wiss. 1909, No. XXII, p. 29; Cas. Cesk. Spol. Ent. II, 1905, p. 3 — *Crataegus.* — Oshanin, Verz. paläarkt. Hem. II, 1907, p. 360.
= *Psylla crataegi* Först., (nec Schrk.) Verh. naturw. Ver. preuss. Rheinlande 1848, 3, p. 75. — Löw, Verh. zool.-bot. Ges. Wien XXVI, 1876, p. 208, pl. I, fig. 13, 14.
= *Psylla pityophila* Flor, Kat. d. Rhynch. 1861, p. 369.
= *Psylla oxyacantha* Mey.-Dür, Mitth. Schw. Ent. Ges. 3, 1871, p. 393, 398.
= *Psylla similis* Mey.-Dür, l. c. p. 393, 398 — *Crataegus oxyacantha* L.

106. **moiwasana** Kuw. — Japan (Hokkaido)
Psylla moiwasana Kuw., Sapporo Trans. Nat. Hist. Soc. II, 1907, p. 163, 175. — Oshanin, Verz. paläarkt. Hem. III, 1910, p. 194.

107. **myrti** Put. — Algerien
Psylla myrti Put., Ann. Soc. ent. Fr. (5) VI, 1875, p. 285. — Oshanin, Verz. paläarkt. Hem. II, 1907, p. 359. — Sulc, Sitz.-Ber. Böhm. Ges. Wiss. 1909, No. XXIII, p. 26.

108. **nasuta** Horv. — Turkestan
Psylla nasuta Horv., Ann. Mus. Hung. II, 1904, p. 579, 590. — Oshanin, Verz. paläarkt. Hem. II, 1907, p. 363.

109. **negundinis** Mally. — N. Amerika
Psylla negundinis Mally, P. Iowa Ac. II, p. 155.

110. **nigriantennata** Kuw. — Japan, Honshu
Psylla nigriantennata Kuw., Sapporo Trans. Nat. Hist. Soc. II, 1907, p. 168. — Oshanin, Verz. paläarkt. Hem. III, 1910, p. 191.

111. ? **nigricornis** Rud. — N. Deutschland
Psylla nigricornis Rud., Progr. Realschule Neustadt Eberswalde 1874, p. 9 — *Populus tremula.* — Oshanin, Verz. paläarkt. Hem. II, 1907, p. 364.

112. **nigrita** Zett. (nec. Reut.). — England, Frankreich, Spanien, Schweiz,
Chermes nigrita Zett., F. Ins. Lapp. 1828, p. 556; Ins. Lapp. 1840, p. 309. — Thomson, Opusc. ent. VIII, p. 836.

	Psylla nigrita Löw, Verh. zool.-bot. Ges. Wien XXXII, 1882, p. 244. — Reuter, Ent. Tidskr. 2, 1881, p. 156 — *Salix caprea, S. aurita*; Medd. F. F. Fenn. I, 1876, p. 71, 74 — *Pinus abietis*. — Sulc, Wien. ent. Ztg. XXVIII, 1909, p. 19; Sitz.-Ber. Böhm. Ges. Wiss. 1909, No. XXII, p. 28; Cas. Cesk. Spol. Ent. II, 1905, p. 3. — Strand, Ent. Tidskr. 23, 1902, p. 270. — Kuw., Sapporo Trans. Nat. Hist. Soc. II, 1907, p. 162, 171. — Reuter, Medd. F. F. Fenn. I, 1876, p. 64 — Biologie. — Oshanin, Verz. paläarkt. Hem. II, 1907, p. 360; III, 1910, p. 192. = *Psylla pineti* Flor, Rhynch. Livl. II, 1861, p. 471; Bull. S. N. Moscou 1861, No. 2, p. 342, 348, 354. — Leth., Cat. Nord 1874, p. 91. — Scott, Trans. Ent. Soc. London 1876, p. 538. Edw., Hem. Hom. Br. Isl. 1896, p. 244. — Löw, Verh. zool.-bot. Ges. Wien 1877, XXVII, p. 136, pl. VI, fig. 6 — Larve; 1879, XXIX, p. 575. = *Chermes pulchra* Zett., Ins. Lapp. 1840, p. 309. = *Psylla similis* Mey.-Dür., Mitth. Schw. Ent. Ges. 3, 1871, p. 393. = *Psylla ornata* Mey.-Dür., (prtm.) l. c. p. 393 — *Salix caprea, S. aurita, S. purpurea* L., *Pinus abieti*.	Österreich, Ungarn, Deutschland, Schweden, Lappland, Finnland, Livland, Kaukasus, Böhmen, Norwegen Japan (Sapporo),
113.	? **obliqua** Thoms. *Chermes obliqua* Thoms., Opusc. ent. VIII, 1876, p. 837. *Psylla obliqua* Reuter, Ent. Tidskr. 2, 1881, p. 161. — Oshanin, Verz. paläarkt. Hem. II, 1907, p. 365.	Skandinavien, Finnland
114.	**ochracea** Prov. *Psylla ochracea* Prov., Canad. Nat. IV, 1872, p. 379.	Canada
115.	? **olivacea** Rud. *Psylla olivacea* Rud., Progr. Realschule Neustadt Eberswalde 1874, p. 8 — *Lythrum salicaria*. — Oshanin, Verz. paläarkt. Hem. II, 1907, p. 364 — *Lythrum salicaria*.	N. Deutschland
116.	**palmeni** Löw. *Psylla palmeni* Löw, Verh. zool.-bot. Ges. Wien XXXII, 1882, p. 254. — Sulc, Sitz.-Ber. Böhm. Ges. Wiss. 1909, No. XXII, p. 35. — Oshanin, Verz. paläarkt. Hem. II, 1907, p. 362, III, 1910, p. 193. = *Psylla nigrita* Reut. (nec Zett.), Medd. F. F. Fenn. 1876, p. 74.	Lappland, Sibirien, Russland sept., Finnland, Kanin
117.	**parvipennis** Löw. *Psylla parvipennis* Löw, Verh. zool.-bot. Ges. Wien XXVII, 1877, p. 132—134, pl. VI, fig. 5a—5b. — Reuter, Ent. Tidskr. 2, 1881, p. 158 — *Salix rosmarinifolia*. — Sulc, Wien. Ent. Zeitg. XXVIII, 1909, p. 19; Sitz.-Ber. Böhm. Ges. Wiss. 1909, No. XXII, p. 24. — Oshanin, Verz. paläarkt. Hem. II, 1907, p. 351; III, 1910, p. 189. = *Psylla saliceti* Fl. (nec Först.), Rhynch. Livl. II, 1861, p. 478; Bull. S. N. Moscou 1861,	Frankreich, Deutschland, Schweden, Lappland, Finnland, Russland sept., Livland, Norwegen, Österreich

No. 2, p. 342, 347, 356. — Leth., Cat. Nord 1874, p. 90.
= *Chermes microptera* Thoms., Opusc. ent. VIII, 1878, p. 838 — *Salix rosmarinifolia.*

118. **periculosa** Oliff. — West-Australien
Psylla periculosa Oliff., Proc. Linn. Soc. N. S. W. (2), IX, 1894 (nom. nudum) — *Eucalyptus rudis.*

119. **peregrina** Först. — England, Frankreich, Deutschland, Österreich, Ungarn, Schweden, Norwegen Finnland, Livland, Japan (Hokkaido,
Psylla peregrina Först., Verh. naturw. Ver. preuss. Rheinlande 1848, 3, p. 74. — Löw, Verh. zool.-bot. Ges. Wien XXIX, 1879, p. 573 — Larve; *Crataegus oxyacantha* L. — Scott, Ent. M. Mag. XVII, 1880, p. 65, 66. — Nymphe, Imago; *Crat. oxyacantha* L. — Mey.-Dür, Mitth. Schw. Ent. Ges. 3, 1871, p. 399. — Leth., Cat. Nord 1874, p. 91. — Edw., Hem. Hom. Br. Isl. 1896, p. 247. — Sulc, Cas. Cesk. Spol. Ent. II, 1905, p. 2 — *Crataegus.* — Reuter, Ent. Tidskr. 2, 1881, p. 15 — *Crat. oxyacantha* L., p. 63 — Biologie. — Kuw., Sapporo Trans. Nat. Hist. Soc. II, 1907, p. 166. — Oshanin, Verz. paläarkt. Hem. II, 1907, p. 354; III, 1910, p. 190.
= *Psylla carpini* Först., Verh. naturw. Ver. preuss. Rheinlande 1848, 3, p. 72 — *Carpinus betulus.* — Mey.-Dür, Mitth. Schw. Ent. Ges. 3, 1871, p. 399.
= *Psylla crataegicola* Flor (nec Frst.), Rhynch. Livl. II, 1861, p. 474. — Reuter, Medd. F. F. Fenn. I, 1876, p. 71. — Flor, Bull. S. N. Moscou 1861, p. 344, 350, 357. — Scott, Trans. Ent. Soc. London 1876, p. 542 — *Crataegus oxyacantha* L., *Carpinus betulus.*

120. **phaeoptera** Löw. — Schweiz, Frankreich, Deutschland, Österreich, Russland, Finnland
Psylla phaeoptera Löw, Verh. zool.-bot. Ges. Wien XXIX, 1879, p. 549, pl. XV, fig. 1—3. — Sulc, Sitz.-Ber. Böhm. Ges. Wiss. 1909, No. XXII, p. 35. — Houard, Zoocécidies des Plantes d'Europe 1908, p. 749, No. 4320 — *Hippophaë rhamnoides* L. — Löw, Verh. zool.-bot. Ges. Wien XXXVIII, 1888, p. 17, No. 46; p. 17—18, No. 47; p. 28, No. 113. — Dalla Torre, Ber. nat. med. Ver. Innsbruck XX, 1892, p. 133. — Oshanin, Verz. paläarkt. Hem. II, 1907, p. 358 — *Hippophaë rhamnoides* L.

121. ? **picta** Först. — England
Psylla picta Först. (nec Zett.), Verh. naturw. Ver. preuss. Rheinlande 1848, 3, p. 81. — Sulc, Sitz.-Ber. Böhm. Ges. Wiss. 1909, No. XXII, p. 26. — Mey.-Dür, Mitth. Schw. Ent. Ges. 3, 1871, p. 396. — Oshanin, Verz. paläarkt. Hem. II, 1907, p. 364.

122. **pruni** Scop. — Deutschland, Irland, Böhmen, Schweden, Norwegen, England, Frankreich,
Chermes pruni Scop., Ent. carn. 1763, No. 140. — Thoms., Opusc. ent. VIII, 1878, p. 838.
Psylla pruni Förster, Verh. naturw. Ver. preuss. Rheinlande 1848, 3, p. 77. — Löw, Verh. zool.-bot. Ges. Wien XXVI, 1876, p. 205, pl. I, fig. 10 — Larve — *Prunus domestica, Pr. spinosa* L.

— Flor, Bull. S. N. Moscou 1861, No. 2, p. 370 — *Pinus abies, Prunus spinosa, Pin. silvestris.* — Mey.-Dür, Mitth. Schw. Ent. Ges. 3, 1871, p. 395. — Edw., Hem. Hom. Br. Isl. 1896, p. 238. — Reuter, Medd. F. F. Fenn. I, 1876, p. 63 — Biologie. — Sulc, Sitz.-Ber. Böhm. Ges. Wiss. 1909, No. XXII, p. 24; Cas. Cesk. Spol. Ent. II, 1905, p. 3. — Oshanin, Verz. paläarkt. Hem. II, 1907, p. 359. — Scott, Trans. Ent. Soc. London 1876, p. 540, pl. VIII, fig. 10.
= *Psylla fumipennis* Först., Verh. naturw. Ver. preuss. Rheinlande 1848, 3, p. 76. — Mey.-Dür., Mitth. Schw. Ent. Ges. 3, 1871, p. 395. — *Prunus domestica, Pr. spinosa* L., *Pinus abis, P. silvestris.*

Österreich, Ungarn, Rumänien, Sibirien

123. **ptarmicae** Kieff.
Psylla ptarmicae Kieff., Bull. Soc. Metz 26, p. 2.

Europa

124. **pulchella** Löw.
Psylla pulchella Löw, Verh. zool.-bot. Ges. Wien XXVII, 1877, p. 143, pl. VI, fig. 9a—9d. — Sulc, Sitz.-Ber. Böhm. Ges. Wiss. 1909, No. XXII, p. 18. — Oshanin, Verz. paläarkt. Hem. II, 1907, p. 362.
= *Psylla decorata* Horv., Rev. d'Ent. XIII, 1894, p. 187; XVII, 1898, p. 281.

Taurien, Corfu, Tirol, Illyrien, Asia minor, Jalta

125. **pyrarboris** Sulc.
Psylla pyrarboris Sulc, Vest. Cesk. Spol. Nauk. 1909, p. 46; Sitz.-Ber. Böhm. Ges. Wiss. 1909, No. XXII, p. 34.

Österreich, Böhmen

126. **pyri** L.
Chermes pyri L., Faun. suec. 1761, No. 1004 — *Pyrus communis.* — Thoms., Opusc. ent. 8, 1878. p. 835.
Psylla pyri Först., Verh. naturw. Ver. preuss. Rheinlande 1848, 3, p. 77. — *Pyrus communis.* — Flor, Rhynch. Livl. II, 1861, p. 463; Bull. S. N. Moscou 1861, No. 2, p. 341, 348, 355. — Mey.-Dür., Mitth. Schw. Ent. Ges. 3, 1871, p. 396. — Oshanin, Verz. paläarkt. Hem. II, 1907, p. 352. — Rübsaamen, Ent. Nachr. 25, p. 243, No. 42, 1899. — Insect Life, IV, p. 127. — Riley, Proc. Amer. Assoc. Advance Sci. 32.' — Sulc, Cas. Cesk. Spol. Ent. II, 1905, p. 1 — *Pyrus.* — Reuter, Ent. Tidskr. 2, 1881, p. 155 — *Pyrus communis* L. — Houard, Zoocécidies des Plantes d'Europe 1908, p. 504, No. 2866 — *P. communis* L. — Rübsaamen, Schr. naturf. Ges. Danzig (2) X, 1901, p. 123, No. 114. — Fischer, Canad. Ent. 1905, p. 1, 2. — Künstler, Verh. zool.-bot. Ges. Wien XXI, Beih. p. 67 — Schädlichkeit. — Degeer, Mém. T. III, 1773, p. 141, pl. IX, fig. 1, 2, 5 — Larve; *P. communis* L.; Abhandl. Gesch. Ins. 1780, III, pl. IX, fig. 10—16 — Genitalien. — Sulc, Verh. Böhm. Ges. Wiss. 1909, No. XXII, p. 21. — Reuter, Medd. F. F. Fenn. I, 1876, p. 70 — *Pyrus communis* L. — Scott, Trans. Ent. Soc. London 1876, pl. VIII, fig. 6. — Löw, Verh. zool.-bot.

Frankreich, Österreich, Ungarn, Deutschland, Schweden, Finnland, Russland, Irland, England, Böhmen

Ges. Wien XXVII, 1877, pl. VI, fig. 12; XXXVI, 1886, p. 156.
= *Apiopsylla* Amyot, Ann. Soc. ent. Fr. 1847, p. 459 — *Pyrus communis* L.

127. **pyricola** Först. — England, Frankreich, Deutschland, Österreich, Ungarn, Transcaucasien, Russland merid., Japan, Amer. sept., Böhmen

Psylla pyricola Först., Verh. naturw. Ver. preuss. Rheinlande 1848, 3, p. 77. — Mey.-Dür., Mitth. Schw. Ent. Ges. 3, 1871, p. 396. — Löw, Verh. zool.-bot. Ges. Wien XXXVI, 1886, p. 156. — Edw., Hem. Hom. Br. Isl. 1896, p. 240, pl. 27, fig. 2. — Oshanin, Verz. paläarkt. Hem. II, 1907, p. 352; III, 1910, p. 189. — Sulc, Cas. Cesk. Spol. Ent. II, 1901, p. 1. — Kuw., Sapporo Trans. Nat. Hist. Soc. II, 1907, p. 163. — Sulc, Sitz.-Ber. Böhm. Ges. Wiss. 1909, No. XXII, p. 34. — Insect Life IV, p. 127. — Slingerland, Bull. Cornell Univ. xliv., p. 161—168 — Biologie. — Riley & Howard, Insect Life V, p. 226—230 — Biologie, figs. — Schreiner, Trd. B. entom. Ucen. Kom. Gl. Upr. Zeml. 5, 5, 1907. — Scott, Ent. M. Mag. XIX, 1882—1883, p. 205, 206 — Entwicklungsstadien. — Slingerland, Bull. Cornell exp. Stat., Entom. 108, p. 69—86 — Biologie. — Fisher, 33th annual Report Entom. Soc. Ontario 1902, p. 17 — Bekämpfung; Canad. Ent. XXXVII, 1905, p. 1, 2 figs. — Biologie. — Marlatt, U. St. Dept. Agric. — Banks, U. St. Dept. Agric. Bull. 34, n. s. p. 27, fig. 17.
= *Psylla apiophila* Först., Verh. naturw. Ver. preuss. Rheinlande 1848, 3, p. 78. — Mey.-Dür., Mitth. Schw. Ent. Ges. 3, 1871, p. 396. — Löw, Verh. zool.-bot. Ges. Wien XXVII, 1877, p. 137.
= *Psylla notata* Fl., Kat. d. Rhynch. 1861, p. 365.
= ? *Psylla pyri* Curt., Gard. Chronicle 1840, p. 156; Brit. Ent. 1842, p. 565 *Pyrus*.

128. **pyrisuga** Först. — Deutschland, Frankreich, Schweiz, Italien, Österreich, Ungarn, Transcaucasien, Japan, Böhmen, England, Russland

Psylla pyrisuga Först., Verh. naturw. Ver. preuss. Rheinlande 1848, 3, p. 78. — Mey.-Dür, Mitth. Schw. Ent. Ges. 3, 1871, p. 398. — Löw, Verh. zool.-bot. Ges. Wien XXIX, 1879, pl. XV, fig. 16, p. 568 — Larve; *Pyrus communis* L.; XXXVI, 1886, p. 156. — Reuter, Medd. F. F. Fenn. I, 1876, p. 63 — Biologie. — Kuw., Sapporo Trans. Nat. Hist. Soc. II, 1907, p. 165. — Sulc, Sitz.-Ber. Böhm. Ges. Wiss. 1909, No. XXII, p. 28; Cas. Cesk. Spol. Ent. I, 1905, p. 2 — *Pyrus communis* L. — Insect Life IV, p. 127. — Kollar, Naturgesch. schädl. Ins. 1837, p. 282 — Larve. — Goureau, Ins. nuisibles 1862, p. 34—35 — Larve. — Hacker, Ill. Zeitschr. Ent. V, 1900, p. 219. — Banks, U. St. Dept. Agric. Bull. 34, N. S. p. 9—46, fig. 1—43. — Börner, Mitt. K. Biol. Anst. Land-Forstw. 1909, p. 48—49. — Tavares, Annaes naturaes VII, 1900, p. 81 — *Pyrus communis* L. — Ferrari, Ann. Mus. Civ. Genova (2) VI, p. 75,

1888. — Houard, Zoocécidies des Plantes d'Europe 1908, p 504, No. 2867 — *P. communis* L., p. 505, No. 2876. — *P. amygdaliformis* L. — Liebel, Ent. Nachr. XV, 1889, p. 304, No. 374 — *P. communis* L. — Tavares, Ann. Sci. Nat. Porto VII, 1900, p. 81, No. 138 — *P. communis* L. — Stefani, Naturalista sicil. Palermo XVII, 1906, p. 137, No. 67 — *P. communis* L., *P. amygdaliformis*; Nuovo Giorn. bot. ital. Firenze (2) VIII, 1901, p. 446 — *P. amygdaliformis*. — Oshanin, Verz. paläarkt. Hem. II, 1907, p. 354; III, 1910, p. 190.

= *Chermes pyri* Schdb., Beitr. z. Nat. schädl. Ins. I, 1827, p. 179—195 — Larve, Biologie. — Ratzeburg, Forstinsekten III, 1844, p. 187, pl. XI, fig. 2.

= *Psylla aurantiaca* Gour., Ins. nuisibles 1862, p. 34. — Leth., Cat. Nord 1874, p. 91.

= *Psylla austriaca* Fl., Kat. d. Rhynch. 1861, p. 372.

= *Psylla rutila* Mey.-Dür, Mitth. Schw. Ent. Ges. 3, 1871, p. 394, 397, 871.

= *Psylla rufitarsis* Mey.-Dür, l. c. p. 394, 398 — *Pyrus communis* L., *P. amygdaliformis*.

129. **quadrilineata** Fitch. — Albany

Psylla quadrilineata Fitch., Fourth ann. Report on the cond. of the State Cab. Albany 1851.

130. **quercus** L. — Skandinavien, Finnland

Chermes quercus L., Faun. Suec. 1761, No. 1009. — Löw, Verh. zool.-bot. Ges. Wien XXXII, 1882, p. 248. — Oshanin, Verz. paläarkt. Hem. II, 1907, p. 363.

131. **recticeps** Prov. — Canada, Magdaleneninseln

Psylla recticeps Prov., Faune Can. Hem. p. 305.

132. **reuteri** Löw. — Turkestan

Psylla reuteri Löw, Verh. zool.-bot. Ges. Wien XXX, 1880, p. 261, pl. VI, fig. 7a—b; XXXII, 1882, p. 248. — Sulc, Sitz.-Ber. Böhm. Ges. Wien 1909, p. 21. — Oshanin, Verz. paläarkt. Hem. II, 1907, p. 351.

133. **rhamnicola** Scott. — Deutschland, Österreich, Böhmen, Schweden, Ungarn, England, Russland, Finnland

Psylla rhamnicola Scott, Trans. Ent. Soc. London 1876, p. 548, pl. VIII, fig. 5. — Edw., Hem. Hom. Br. Isl. 1896, p. 241, pl. 28, fig. 3. — Sulc, Sitz.-Ber. Böhm. Ges. Wiss. 1909, No. XXII, p. 32. — Scott, Ent. M. Mag. XV, 1878, p. 67, 68 — Nymphe, *Rhamnus cathartica* L. — Oshanin, Verz. paläarkt. Hem. II, 1907, p. 361 — *Rhamnus cathartica* L.

134. **rhododendri** Put. — Deutschland, Österreich, Schweiz, Böhmen

Psylla rhododendri Put., Pet. nouv. ent. I, 1871, p. 165, 436; Ann. Soc. Ent. Fr. 1871, p. 436 — *Rhododendron*. — Houard, Zoocécidies des Plantes d'Europe 1908, p. 788, No. 4554 — *Rhododendron ferrugineum*. — Löw, Verh. zool.-bot. Ges. Wien XXXVIII, 1888, p. 18. — Dalla

Torre, Ber. nat. med. Ver. Innsbruck XX, 1892, p. 148. — Sulc, Sitz.-Ber. Böhm. Ges. Wiss. 1909, No. XXII, p. 37. — Oshanin, Verz. paläarkt. Hem. II, 1907, p. 359 — *Rhododendron ferrugineum.*

135. ? **rubra** Geoff. — Frankreich
Psylla rubra Geoff., Fourcroy's Ent. Paris I, 1785, p. 224. — Oshanin, Verz. paläarkt. Hem. II, 1907, p. 364.

136. ? **rubra** Gour.
Psylla rubra Gour., Ins. nuisibl. 1862, p. 33.

137. **saliceti** Först. — Schweden, Deutschland, Belgien, England, Frankreich, Spanien, Ungarn, Österreich, Finnland, Livland, Japan, Regio nearct. (Grönland)- Böhmen
Psylla saliceti Först. (nec Fl.), Verh. naturw. Ver. preuss. Rheinlande 1848, 3, p. 79 — *Salix cinerea, Crataegus oxyacantha.* — Löw, Verh. zool.-bot. Ges. Wien XXVII, 1877, p. 132, pl. VI, fig. 4a — *Salix alba* L., *S. incana* Schrk. — Mey.-Dür, Mitth. Schw. Ent. Ges. 3, 1871, p. 397. — Sulc, Sitz.-Ber. Böhm. Ges. Wiss. 1909, No. XXII, p. 28; Cas. Cesk. Spol. Ent. II, 1905 — *Salix purpurea, S. nigra*; Wien. ent. Ztg. 1909, p. 15, 24. — Reuter, Ent. Tidskr. 2, 1881, p. 157; Medd. F. F. Fenn. I, 1876, p. 70. — Oshanin, Verz. paläarkt. Hem. II, 1907, p. 361; III, 1910, p. 192.

= *Chermes saliceti* Thoms., Opusc. ent. VIII, 1878, p. 839.

= *Psylla salicicola* Först., Verh. naturw. Ver. preuss. Rheinlande 1848, 3, p. 72 — *Salix aurita* L., *S. caprea* L. — Scott, Trans. Ent. Soc. London 1876, p. 537, pl. VIII, fig. 3. — Flor, Rhynch. Livl. 2, 1861, p. 467; Bull. S. N. Moscou 1861, No. 2, p. 345, 348, 355. — Mey.-Dür, Mitth. Schw. Ent. Ges. 3, 1871, p. 398. — Leth., Cat. Nord 1874, p. 89. — Löw, Verh. zool.-bot. Ges. Wien XXVI, 1876, p. 198, pl. I, fig. 6—9; pl. II, fig. 23—25 — Larve. — Edw., Hem. Hom. Br. Isl. 1896, p. 241. — Breddin, Fauna arctica II, 3, 1902, p. 543 — *Salix aurita* L., *S. caprea* L. — Kuw., Sapporo Trans. Nat. Hist. Soc. II, 1907, p. 173. — Blümml, Illustr. Zeitschr. Entom. IV, 1899, p. 305—308, fig. 1—4 — Genitalien. — Sulc, Wien. ent. Zeitg. XXVIII, 1909, p. 20; Cas. Cesk. Spol. Ent. II, 1905, p. 3 — *Salix cinerea.* — Reuter, Ent. Tidskr. 2, 1881, p. 157; Medd. F. F. Fenn. I, 1876, p. 70.

= *Chermes salicicola* Thoms., Opusc. ent. VIII, 1878, p. 839.

= *Psylla rufula* Först., Verh. naturw. Ver. preuss. Rheinlande 1848, 3, p. 76. — Mey.-Dür, Mitth. Schw. Ent. Ges. 3, 1871, p. 400.

= *Psylla subgranulata* Först., Verh. naturw. Ver. preuss. Rheinlande 1848, 3, p. 94. — Mey.-Dür, Mitth. Schw. Ent. Ges. 3, 1871, p. 400.

Salix alba L., *S. incana* Schrk., *S. purpurea, S. nigra, S. aurita* L., *S. caprea* L., *S. cinerea, Crataegus oxyacantha.*

138. **sapporensis** Kuw. — Japan (Hokkaido)
Psylla sapporensis Kuw., Sapporo Trans. Nat. Hist. Soc. II, 1907, p. 162, 166. — Oshanin, Verz. paläarkt. Hem. III, 1910, p. 190.

139. **satsumensis** Kuw. — Japan: Kiushu
Psylla satsumensis Kuw., Sapporo Trans. Nat. Hist. Soc. II, 1907, p. 177. — Oshanin, Verz. paläarkt. Hem. III, 1910, p. 194.

140. **schizoneurides** Frogg. — Australien, N. S. W.
Psylla schizoneurides Frogg., Proc. Linn. Soc. N. S. W. XXVI, 1901, p. 253.

141. **simulans** Först. — Deutschland, Frankreich, Grossbritannien, Österreich, Ungarn, Italien, Böhmen
Psylla simulans Först., Verh. naturw. Ver. preuss. Rheinlande 1848, p. 80. — Mey.-Dür., Mitth. Schw. Ent. Ges. 3, 1871, p. 396. — Edw., Hem. Hom. Br. Isl. 1896, p. 239, pl. 27, fig. 1. — Löw, Verh. zool.-bot. Ges. Wien XXXVI, 1886, p. 157. — Riley & Howard, Insect Life V, p. 226—230 — Biologie. — Ferrari, Ann. Mus. Civ. Genova (2) VI, p. 75, 1888. — Sulc, Sitz.-Ber. Böhm. Ges. Wiss. 1909, No. XXII, p. 32. — Oshanin, Verz. paläarkt. Hem. II, 1907, p. 352.
= *Psylla argyrostigma* Först., Verh. naturw. Ver. preuss. Rheinlande 1848, 3, p. 97. — Mey.-Dür, l. c. p. 396.
= *Psylla pyri* Scott, Trans. Ent. Soc. London 1876, p. 536.

142. ? **sorbi** L. — Skandinavien, Finnland
Chermes sorbi L., Syst. Nat. I, pl. 2, 1767, p. 738.
? *Psylla sorbi* Löw, Verh. zool.-bot. Ges. Wien XXXII, 1882, p. 250. — Oshanin, Verz. paläarkt. Hem. II, 1907, p. 363.

143. **spadica** Guer. — Formosa
Psylla spadica Kuw., Sapporo Trans. Nat. Hist. Soc. II, 1907, p. 165.

144. **spartii** Kuw. — Deutschland, Frankreich, Österreich, Grossbritannien, Spanien, Portugal, Böhmen
Psylla spartii Guer., Iconogr. VII, 1843, p. 370, pl. 59, fig. 11a—d. — Löw, Verh. zool.-bot. Ges. Wien XXVII, 1877, p. 126, pl. VI, fig. 1b, 1c. — Scott, Trans. Ent. Soc. London 1876, pl. VIII, fig. 2. — Edw., Hem. Hom. Br. Isl. 1896, p. 249, pl. 27, fig. 5. — Sulc, Rozpr. Cesk. Akad. Tr. 2, Roc. 16, Cid. 33; Bull. Intern. Acad. Prague, Sc. Math. Nat. XVIII, p. 248—256, 2 pls.; Sitz.-Ber. Böhm. Ges. Wiss. 1909, No. XXII, p. 31; Bull. internat. Acad. Sc. Bohême 1907, p. 1, fig. 1—12 (p. 3). — Oshanin, Verz. paläarkt. Hem. II, 1907, p. 363; III, 1910, p. 193.
= *Psylla spartiophila* Först., Verh. naturw. Ver. preuss. Rheinlande 1848, 3, p. 75 — *Spartium scoparium*. — Mey.-Dür, Mitth. Schw. Ent. Ges. 3, 1871, p. 399. — Leth., Cat. Nord 1874, p. 88. — Scott, Trans. Ent. Soc. London 1876, p. 533 — *Spartium scoparium*.

145. **spartiicola** Sulc. — Frankreich
Psylla spartiicola Sulc, Rozpr. Cesk. Ak. Frant. Jos. 1907, p. 8; Bull. internat. Akad. Bohême 1907, p. 5, fig. 1—10 (p. 6); Sitz.-Ber. Böhm.

Ges. Wiss. 1909, No. XXII, p. 22. — Oshanin, Verz. paläarkt. Hem. III, 1910, p. 194.

146. **sterculiae** Frogg. — Australien, N. S. W.
Psylla sterculiae Frogg., Proc. Linn. Soc. N. S. W. XXVI, p. 255, pl. XV, fig. 13.

147. **subfasciata** Erichs. — Vandiemensland
Psylla subfasciata Erichs., Archiv f. Naturg. VIII, 1, p. 286.

148. ? **sulfurea** Rud. — N. Deutschland
Psylla sulfurea Rud., Progr. Realschule Neustadt Eberswalde 1874, p. 9 — *Evonymus*. — Oshanin, Verz. paläarkt. Hem. II, 1907, p. 364 — *Evonymus*.

149. **suturalis** Horv. — Croatien
Psylla suturalis Horv., Termesz. Füzetek XX, 1897, p. 640. — Oshanin, Verz. paläarkt. Hem. II, 1907, p. 362.

150. **toroensis** Kuw. — Formosa
Psylla toroensis Kuw., Sapporo Trans., Nat. Hist. Soc. II, 1907, p. 172.

151. **tripunctata** Kuw. — „
Psylla tripunctata Kuw., Sapporo Trans. Nat. Hist. Soc. II, 1907, p. 174.

152. **ulmi** Först. — Deutschland, Österreich, Frankreich, Schweiz, Böhmen, Ungarn, Finnland
Psylla ulmi Först., Verh. naturw. Ver. preuss. Rheinlande 1848, 3, p. 71. — Löw, Verh. zool.-bot. Ges. Wien XXXIV, 1884, p. 144 — Jugendstadien. — Mey.-Dür, Mitth. Schw. Ent. Ges. 3, 1871, p. 399. — Löw, op. cit. XXXII, 1882, p. 252. — Sulc, Sitz.-Ber. Böhm. Ges. Wiss. 1909, No. XXII, p. 27; Cas. Cesk. Spol. Ent. II, 1905, p. 2 — *Salix caprea* L., *Ulmus*. — Oshanin, Verz. paläarkt. Hem. II, 1907, p. 355.
= *Psylla bicolor* Mey.-Dür, Mitth. Schw. Ent. Ges. 3, 1871, p. 400.
= ? *Chermes ulmi* L., Faun. suec. 1761, No. 1002 — *Ulmus*, *Salix caprea* L.

153. **venata** Edw. — England
Psylla venata Edw., Hem. Hom. Br. Isl. 1896, p. 242, pl. 27, fig. 3. — Oshanin, Verz. paläarkt. Hem. II, 1907, p. 359.

154. **viburni** Löw. — Deutschland, Österreich, Schweiz, Ungarn
Psylla viburni Löw, Verh. zool.-bot. Ges. Wien XXVI, 1876, p. 194, 195, pl. I, fig. 1—3 — Larve. — Sulc, Sitz.-Ber. Böhm. Ges. Wiss. 1909, No. XXII, p. 20. — Edw., Ent. M. Mag. XLIV, p. 85. — Oshanin, Verz. paläarkt. Hem. II, 1907, p. 355 — *Viburnum lantana* L.

155. ? **viridis** Hartig. — Deutschland, Österreich
Psylla viridis Hartig, Germ. Zeitschr. Ent. III, 1841, p. 374. — Oshanin, Verz. paläarkt. Hem. II, 1907, p. 364.

156. **visci** Curt. — England, Frankreich, Österreich, Ungarn, Deutschland, Böhmen
Psylla visci Curt., Brit. Ent. 12, 1840, t. 565. — Först., Verh. naturw. Ver. preuss. Rheinlande 1848, 3, p. 71. — Löw, Verh. zool.-bot. Ges. Wien XII, 1862, p. 108, pl. X, fig. 6—8 — Larve; op. cit. XXIX, 1879, p. 574, pl. XV, fig. 18 — Larve. — Douglas, Ent. M. Mag. XV,

1878, p. 136. — Mey.-Dür, Mitth. Schw. Ent. Ges. 3, 1871, p. 399. — Edw., Hem. Hom. Br. Isl. 1896, p. 243; pl. 28, fig. 1. — Sulc, Sitz.-Ber. Böhm. Ges. Wiss. 1909, No. XXII, p. 33; Cas. Cesk. Spol. Ent. II, 1905, p. 2 — *Viscum*. — Oshanin, Verz. paläarkt. Hem. II, 1907, p. 355; III, 1910, p. 191. — Sulc, Acta Soc. Entom. Boh. IV, 1907, p. 116.
= *Psylla ixophila* Löw, Verh. zool.-bot. Ges. Wien. XII, 1862, p. 105, pl. X, fig. 1, 4, 5. — Scott, Ent. M. Mag. XIV, 1877, p. 94; Trans. Ent. Soc. London 1876, p. 550.
= *Psylla euchlora* Löw, Verh. zool.-bot. Ges. Wien XXXI, 1881, p. 259 — *Viscum album*.

157. **ziozankeana** Kuw. — Japan (Hokkaido)
Psylla ziozankeana Kuw., Sapporo Trans. Nat. Hist. Soc. II, 1907, p. 162, 173. — Oshanin, Verz. paläarkt. Hem. III, 1910, p. 194.

Gen. **Pauropsylla.**

Pauropsylla Rübsaamen, Ent. Nachr. XXV, 1899, p. 264, figs. 7—13. — Kieffer, Ann. Soc. scient. Bruxelles XXIX, 1904—1905, p. 25.

158. **ficicola** Kieffer. — Bengal
Pauropsylla ficicola Kieff., l. c. p. 169, fig. 8, pl. II, figs. 10, 11, 13 — Biologie — *Ficus hookeri*.

159. **globuli** Kieff. — „
Pauropsylla globuli Kieff., l. c. p. 172, figs. 9, 10 — *Ficus hookeri*.

160. **udei** Rübs. — Sumatra
Pauropsylla udei Rübs., Ent. Nachr. XXV, 1899, p. 264, fig. 7—13 — Biologie. — Kieff., Ann. Soc. Scient. Bruxelles XXIX, 1904—1905, p. 167.

Gen. **Protyora.**

Protyora Kieff., Zs. wiss. Ins. Biologie 2, 1906, p. 390. — Enderl., Sjöstedt's Zoolog. Kilimandjaro-Meru Exped. 1910, p. 137.

161. **sterculiae** Frogg. — Australien N. S. W.
Tyora sterculiae Frogg. Proc. Linn. Soc. N. S. W. XXVI, 1901, p. 289, pl. XV, fig. 5; XVI, fig. 10.
Protyora sterculiae Kieff., l. c. p. 390.

Gen. **Pachypsylla.**

Pachypsylla Riley, Proc. Biol. Soc. Washingt. II, 1885, p. 71.

162. **celtidis-asteriscus** Riley. — Nordamerika
Pachypsylla celtidis-asteriscus Riley, Proc. Amer. Assoc. Advance Sci. 32, 1883.

163. **celtidis-cucurbita** Riley. — „
Pachypsylla celtidis-cucurbita Riley, Proc. Amer. Assoc. Advance Sci. 32, 1883; 5th Report. U. St. Ent. Comm. p. 621.

164. **celtidis-inteneris** Mally. Nordamerika
Pachypsylla celtidis-inteneris Mally, P. Jowa Ac. I, pl. XV, p. 138.

165. **celtidis-mamma** Riley.
Psylla celtidis-mamma Riley, Proc. Biol. Soc. Wash. II, 1885, p. 73.
Pachypsylla celtidis-mamma Riley, Canad. Ent. XV, 1883, p. 158, fig. 7. „

166. **celtidis-pubescens** Riley. „
Pachypsylla celtidis-pubescens Riley, Proc. Amer. Assoc. Advance Sci. 32, 1883; 5th Report U. St. Ent. Comm. p. 620.

167. **celtidis-umbilicus** Riley. „
Pachypsylla celtidis-umbilicus Riley, Proc. Amer. Assoc. Advance Sci. 32, 1883; 5th Report U. St. Ent. Comm. p. 619.

168. **celtidis-vesiculum** Riley. „
Pachypsylla celtidis-vesiculum Riley, Proc. Amer. Assoc. Advance Sci. 32, 1883; 5th Report U. St. Ent. Comm. p. 618.

169. **globulosus** Riley. „
Pachypsylla globulosus Riley, 5th Report U. St. Ent. Comm. p. 621.

170. **rohweri** Cock. Colorado
Pachypsylla rohweri Cock., Ent. News XXI, 1910, p. 180 — *Celtis reticulata* Torrey.

171. **venusta** Ost.-Sack. Nordamerika
Psylla venusta Ost.-Sack., Stettin. Ent. Ztg. 1861, p. 422.
Pachypsylla venusta Ost.-Sack., Riley, Proc. Amer. Assoc. Adv. Sci. 32.
= *Pachypsylla celtidis-grandis* Riley, Canad. Ent. XV, p. 157, fig. 6.

Subg. **Blastophysa** Riley.

Blastophysa Riley, Proc. Biol. Soc. Wash. II, 1885, p. 74.

172. **celtidis-gemma** Riley. U. St. Amerika
Pachypsylla (subg. *Blastophysa*) *celtidis-gemma* Riley, l. c. p. 74.

Gen. **Cecidopsylla.**

Cecidopsylla Kieff., Ann. Soc. scient. Bruxelles XXIX, 1904—1905, p. 160, figs. 5, 6, 7, pl. II, fig. 12.

173. **schimae** Kieff.
Cecidopsylla schimae Kieff., l. c. p. 23, figs. 5, 6, 7, pl. II, fig. 12 — *Schima Wallichii* DC.

Gen. **Mycopsylla.**

Mycopsylla Frogg., Proc. Linn. Soc. N. S. W. XXVI, 1901, p. 258, pl. XV, fig. 7; XVI, fig. 8, 17.

174. **fici** Frogg. Australien, N. S. W.
Mycopsylla fici Frogg., l. c. p. 258, pl. XV, fig. 7; XVI, fig. 17 — *Ficus macrophyllia.*

175. **proxima** Frogg. — Australien, N. S. W.
Mycopsylla proxima Frogg., l. c. p. 261, pl. XVI, fig. 8 — *Ficus rubiginosa.*
Ficus rubiginosa.

Gen. **Eucalyptolyma.**

Eucalyptolyma Frogg., Proc. Linn. Soc. N. S. W. XXVI, 1901, p. 262, pl. XIV, fig. 9; XVI, fig. 11, 20, 21.

176. **erratica** Frogg. — Australien
Eucalyptolyma erratica Frogg., l. c. p. 264, pl. XIV, fig. 8; XVI, fig. 21 — *Eucalyptus corymbosa.*

177. **maideni** Frogg. — Australien N. S. W.
Eucalyptolyma maideni Frogg., l. c. p. 262, pl. XIV, fig. 9; XVI, fig. 11, 20 — *Eucalyptus sp.*

Gen. **Eriopsylla.**

Eriopsylla Frogg., Proc. Linn. Soc. N. S. W. XXVI, 1901, p. 266, pl. XVI, fig. 6.

178. **viridis** Frogg. — Australien, N. S. W.
Eriopsylla viridis Frogg., l. c. p. 267; pl. XVI, fig. 5 — *Melaleuca linifolia.*

Gen. **Syncarpiolyma.**

Syncarpiolyma Frogg., Proc. Linn. Soc. N. S. W. XXVI, p. 269, pl. XV, fig. 2, XVI, fig. 7.

179. **maculata** Frogg. — Australien N. S. W.
Syncarpiolyma maculata Frogg., l. c. p. 269; pl. XV, fig. 2; XVI, fig. 7.

Gen. **Brachypsylla.**

Brachypsylla Frogg., Proc. Linn. Soc. N. S. W. XXVI, p. 270, pl. XV, fig. 1; XVI, fig. 1.

180. **tryoni** Frogg. — Australien, Queensland
Brachypsylla tryoni Frogg., l. c. p. 271, pl. XV, fig. 1; XVI, fig. 1. — *Conyza viscidula.*

Gen. **Amblyrhina.**

Amblyrhina Löw, Verh. zool.-bot. Ges. Wien XXVIII, 1878, p. 599, 608, pl. IX, fig. 15; Revue d'Ent. franc. VII, 1888, p. 382. — Kieffer, Ann. Soc. Scient. Bruxelles 29, 1905, p. 163.
= *Psylla* Flor pro parte.

181. **cognata** Löw, — Deutschland, Österreich, Frankreich
Amblyrhina cognata Löw, Verh. zool.-bot. Ges. Wien XXXI, 1881, p. 258; pl. XV, fig. 5, 6; op. cit. XXXIV, 1884, p. 143 — Jugendstadien; Revue d'Ent. franc. VII, 1888, p. 382. — Oshanin, Verz. paläarkt. Hem. II, 1907, p. 365.

182. **maculata** Löw. — Ungarn
Amblyrhina maculata Löw, Verh. zool.-bot. Ges. Wien XXXVI, 1886, p. 157, pl. VI, fig. 2, 3; Revue d'Ent. franc. VII, 1888, p. 382. — Oshanin, Verz. paläarkt. Hem. II, 1907, p. 365.

183. **putoni** Löw. — Frankreich, Pyrenäen
Amblyrhina putoni Löw, Revue d'Ent. franc. VII, 1888, p. 381 — *Cytisus spinosus* Lam. *(Calycotome spinosa* Link.*)*. — Oshanin, Verz. paläarkt. Hem. II, 1907, p. 365.
Cytisus spinosus Lam. *(Calycotome spinosa* Link.*)*.

184. **torifrons** Flor. — Südfrankreich
Psylla torifrons Flor, Bull. Soc. Imp. Nat. Moscou 1861, p. 360.
Amblyrhina torifrons Löw, Verh. zool.-bot. Ges. Wien XXVII, 1877, p. 128, pl. VI, fig. 2 b; XXVIII, 1878, p. 600; pl. IX, fig. 15 — Revue d'Ent. franc. VII, 1888, p. 382. — Oshanin, Verz. paläarkt. Hem. II, 1907, p. 365.

Gen. **Spanioneura.**

Spanioneura Först., Verh. naturw. Ver. preuss. Rheinlande 1848, 3, p. 94. — Mey.-Dür, Mitth. Schw. Ent. Ges. 3, 1871, p. 403. — Löw, Verh. zool.-bot. Ges. Wien XXVIII, 1878, p. 608. — Scott, Trans. Ent. Soc. London 1876, p. 550. — Kieff., Ann. Soc, scient. Bruxelles 29, 1905, p. 164.

185. **fonscolombii** Först. — Frankreich, Deutschland, England,
Spanioneura fonscolombii Först. Verh. naturw. Ver. preuss. Rheinlande 1848, 3, p. 94. — Scott, Trans. Ent. Soc. London 1876, p. 550; pl. IX, fig. 8. — Löw, Verh. zool.-bot. Ges. Wien XXVIII, 1878, pl. IX, fig. 26. — Put., Ann. Soc. Ent. Fr. (5), I, p. 438 — *Buxus*. — Scott, Ent. M. Mag. XVI, 1879, p. 85, 86 — Nymphe. — Oshanin, Verz. paläarkt. Hem. II, 1907, p. 365 — *Buxus sempervirens* L.

Gen. **Arytaena.**

Arytaena Scott, Trans. Ent. Soc. London 1876, p. 528. — Löw, Verh. zool.-bot. Ges. Wien XXVIII, 1878, p. 596, 609. — Edw. Hem. Hom. Br. Isl. 1896, p. 250; pl. II, fig. 31. — Kieffer, Ann. Soc. Sci. Bruxelles 29, 1905, p. 165.
= *Arytaina* Först. (pro parte), Verh. naturw. Ver. preuss. Rheinlande 1848, 3, p. 67.
= *Ataenia* Thoms., Opusc. Ent. VIII, 1877, p. 828.

186. **adenocarpi** Löw. — Frankreich — Landes
Arytaena adenocarpi Löw, Verh. zool.-bot. Ges. Wien XXIX, 1879, p. 552, pl. XV, fig. 5, p. 553 — Larve. — Oshanin, Verz. paläarkt. Hem. II, 1907, p. 366 — *Adenocarpus commutatus* Guss.

187. **genistae** Latr. — Frankreich, Deutschland, Österreich,
Psylla genistae Latr., Hist. nat. gén. et part. Crust. et Ins. XII, 1804, p. 382. — Löw, Verh. zool.-bot. Ges. Wien XXVII, 1877, p. 125.

Arytaena genistae Löw, op. cit. XXVIII, 1878, p. 597, pl. IX, fig. 11, 12. — Edw., Hem. Hom. Br. Isl. 1896, p. 250, pl. 27, fig. 7. — Sulc, Cas. Cesk. Spol. Ent. II, 1905, p. 4. — Reuter, Ent. Tidskr. 2, 1881, p. 162 — *Sarothamnus scoparius, Ulex europaea.* — Ferrari, Ann. Mus. Civ. Genova (2), VI, 1888, p. 75 — *Sarothamnus scoparius.* — Oshanin, Verz. paläarkt. Hem. II, 1907, p. 366. — Scott, Ent. M. Mag. XVII, 1880, p. 132, 133 — Nymphe; *Sarothamnus scoparius, Ulex europaea.* — England, Schweden, Böhmen, Ligurien, Italien
= *Psylla ulicis* Curt., Brit. Ent. XII, 1835, tab. 565, 22 a.
= *Psylla spartii* Hartig, Germ. Zeitschr. f. d. Entom. III, 1841, p. 375.
= *Arytaina spartii* Först., Verh. naturw. Ver. preuss. Rheinlande 1848, 3, p. 69. — Mey.-Dür, Mitth. Schw. Ent. Ges. 3, 1871, p. 405.
= *Arytaena ulicis* Scott, Trans. Ent. Soc. London 1876, p. 529, pl. VIII, fig. 1 a—f.
= *Chermes (Ataenia) genistae* Latr., Thomson Opusc. ent. VIII, 1877, p. 828.
Sarothamnus scoparius, Ulex europaea.

Gen. **Gonanoplicus.**

Gonanoplicus Enderl., Sjöstedt's Zoolog. Kilimandjaro-Meru-Exped. 1910, p. 143, fig. 3, 5—8.

188. **guttulatus** Enderl. — Kilimandjaro-Kibonoto
Gonanoplicus guttulatus Enderl., l. c. p. 143, fig. 3, 5—8 — Larve, Nymphe.

Gen. **Livilla.**

Livilla Curt., Guide 1829, g. 1049 b.; Brit. Ent. XIII, 1836, No. 625. — Scott, Trans. Ent. Soc. London 1876, p. 527. — Löw, Verh. zool. bot. Ges. Wien XXVIII, 1878, p. 608. — Edw., Hem. Hom. Br. Isl. 1896, p. 249, pl. 2, fig. 30. — Kieff., Ann. Soc. Scient. Bruxelles 29, 1905, p. 163.

189. **ulicis** Curt. — Grossbritannien, Frankreich, Schweiz, Italien, Illyrien, Ungarn
Livilla ulicis Curt., Guide 1829, g. 1049 b; Brit. Ent. XIII, 1836, No. 625. — Reuter, Medd. F. F. Fenn. I, 1876, p. 63 — Biologie. — Mey.-Dür, Mitth. Schw. Ent. Ges. 3, 1871, p. 404. — Scott, Trans. Ent. Soc. London 1876, p. 528. — Löw, Verh. zool.-bot. Ges. Wien XXVIII, 1878, pl. IX, fig. 21. — Edw., Hem. Hom. Br. Isl. 1896, p. 250, pl. 27, fig. 6. — Oshanin, Verz. paläarkt. Hem. II, 1907, p. 366. — Ferrari, Ann. Mus. Civ. Genova (2), VI, 1888, p. 76 — *Ononis spinosa.* — Först., Verh. naturw. Ver. preuss. Rheinlande 1848, 3, p. 68.
= *Psylla coleoptrata* (Klug) Walther (nom. nud.) Isis 1837, p. 277; Germ. Zeitschr. Ent. I, 1839, p. 365.
= ? *Livilla callunae* Rud., Progr. Realschule Neust. Ebersw. 1874, p. 7.
Ononis spinosa, Calluna vulgaris.

190. **vittipennella** Reut. — Carniolia
Psylla vittipennella Reut., Nat. Sälsk. Fenn. Förhandl. XI, 1875, p. 333.
Floria vittipennella Löw, Verh. zool.-bot. Ges. Wien XXVIII, 1878, p. 593. — Oshanin, Verz. paläarkt. Hem. II, 1907, p. 367.

Gen. Floria.

Floria Löw, Verh. zool.-bot. Ges. Wien XXVIII, 1878, p. 590, 608. pl. IX, fig. 6—8. — Kieffer, Ann. Soc. Sci. Bruxelles 29, 1905, p. 164.

191. **adusta** Löw. — Spanien
Floria adusta Löw, Verh. zool.-bot. Ges. Wien XXXI, 1881, p. 262, pl. XV, fig. 9. — Oshanin, Verz. paläarkt. Hem. II, 1907, p. 367.

192. **blandula** Horv. — Spanien
Floria blandula Horv., Bol. Soc. esp. V, 1905. p. 277. — Oshanin, Verz. paläarkt. Hem. II, 1907, p. 368.

193. **horvathi** Scott. — Ungarn
Floria horvathi Scott, Ent. M. Mag. XV, 1878, p. 84. — Oshanin, Verz. paläarkt. Hem. II, 1907, p. 368.

194. **pyrenaea** Mink. — Frankreich, Pyrenäen
Psylla pyrenaea Mink, Stettin. Ent. Zeitg. 1859, p. 430.
Floria pyrenaea Löw, Verh. zool.-bot. Ges. Wien XXVIII, 1878, p. 592. — Puton, Ann. Soc. Ent. Fr. (5) I, 1871, p. 438 — *Calycotome spinosa*. — Oshanin, Verz. paläarkt. Hem. II, 1907, p. 367 — *Calycotome spinosa*.

195. **retamae** Put. — Algerien, Spanien, Portugal
Psylla retamae Put., Bull. Soc. Ent. Fr. (5) VIII, 1878, p. CXXXIV.
Floria retamae Löw, Verh. zool.-bot. Ges. Wien XXXII, 1882, p. 248. — Bol. y Chic., Enum. p. 184; An. Soc. Exp. VIII, pl. II, fig. 6, 6a. — Oshanin, Verz. paläarkt. Hem. II, 1907, p. 368.

196. **spartiisuga** Put. — Algerien
Psylla spartiisuga Put., Ann. Soc. Ent. Fr. (5) VI, 1876, p. 283.
Floria spartiisuga Löw, Verh. zool.-bot. Ges. Wien XXVIII, 1878, p. 593. — Oshanin, Verz. paläarkt. Hem. II, 1907, p. 367.

197. **spectabilis** Flor. — Frankreich, Spanien, Portugal, Italien, Dalmatien, Ligurien
Psylla spectabilis Flor, Bull. Soc. Imp. Nat. Moscou 1861, p. 362.
Floria spectabilis Löw, Verh. zool.-bot. Ges. Wien XXVIII, 1878, p. 594, pl. IX, fig. 8; XXIX, 1879, pl. IX, fig. 8. — Puton, Ann. Soc. Ent. Fr. (5) I, p. 438 — *Spartium junceum*. — Ferrari, Ann. Mus. Civ. Genova (2) VI, p. 76 — *Sp. junceum*. — Oshanin, Verz. paläarkt. Hem. II, 1907, p. 368 — *Spartium junceum*.

198. **syriaca** Löw. — Syrien
Floria syriaca Löw, Verh. zool.-bot. Ges. Wien XXXI, 1881, p. 262, pl. XV, fig. 11. — Oshanin, Verz. paläarkt. Hem. II, 1907, p. 368.

199. **variegata** Löw. — Herzegowina
Floria variegata Löw, Verh. zool.-bot. Ges. Wien XXXI, 1881, p. 261, pl. XV, fig. 10. — Ferrari, Ann. Mus. Civ. Genova (2) VI, 1888, p. 76 — *Cytisus laburnum*. — Oshanin, Verz. paläarkt. Hem. II, 1907, p. 367.

200. **vicina** Löw. — Kärnthen
Floria vicina Löw, Verh. zool.-bot. Ges. Wien XXXVI, 1886, p. 159. — Oshanin, Verz. paläarkt. Hem. II, 1907, p. 367.

Gen. **Alloeoneura.**

Alloeoneura Löw, Verh. zool.-bot. Ges. Wien XXVIII, 1878, p. 594, pl. IX, fig. 6, 7, 10. — Kieffer, Ann. Soc. Sci. Bruxelles 29, 1905, p. 163.
= *Arytaina* Först. (pro parte), Verh. naturw. Ver. preuss. Rheinlande 1848, 3, p. 67.

201. **radiata** Först. — Italien, Russland, Deutschland, Ungarn, Österreich, Böhmen, Serbien
Arytaina radiata Först., Verh. naturw. Ver. preuss. Rheinlande 1848, 3, p. 70.
Psylla radiata Löw, Verh. zool.-bot. Ges. Wien XXVII, 1877, p. 125.
Alloeoneura radiata op. cit. XXVIII, 1878, p. 596, pl. IX, fig. 10; XXIX, 1879, pl. IX, fig. 10; XXXI, 1887, p. 157, 168 — Biologie, *Cytisus nigricans* L. — Sulc, Cas. Cesk. Spol. Ent. II, 1905, p. 4 — *Cyt. austriacus*. — Oshanin, Verz. paläarkt. Hem. II, 1907, p. 368.
= *Psylla lactea* A. Costa, Nuovi studii s. Ent. d. Calab. ult. 1863, p. 47, pl. IV, fig. 9.
= *Psyllodes cytisi* Beck., Bull. Soc. Imp. Nat. Moscou 1867, p. 113.
Cytisus nigricans L., *Cyt. austriacus*.

Gen. **Homotoma.**

Homotoma Guer., Iconogr. R. A. 1829—1844, p. 376. — Flor, Bull. S. N. Moscou 1861, p. 337, 412. — Löw, Verh. zool.-bot. Ges. Wien XXVIII, 1878, p. 607. — Kieff., Ann. Soc. Scient. Bruxelles 29, 1905, p. 161.
= *Anisostropha* Först. Verh. naturw. Ver. preuss. Rheinlande 1848, 3, p. 92.
= *Chermes* L. pro parte (1758).
= *Psylla* Geoff. pro parte (1762).

202. **ficus** L. — Spanien, Frankreich, Italien, Dalmatien, Kaukasus, Ligurien
Chermes ficus L., Syst. Nat. I, prs 2, 1767, p. 739.
Psylla ficus Am. Serv., Hém. Hist. nat. Ins. 1843, p. 593. — Tign., Hist. nat. Ins. IV, 165, pl. IV, fig. 3. — Fabr., S. R. 306—318. — Serv., Enc. X, 229, 3. — Duf., Rech. Hem. 104, pl. IX, fig. 110—113. — Geoffr, Ins. I, 484, pl. X, fig. 2.

Anisostropha ficus Först., Verh. naturw. Ver. preuss. Rheinlande 1848, 3, p. 92. — Mey.-Dür, Mitth. Schw. Ent. Ges. 3, 1871, p. 404.
Homotoma ficus Flor, Bull. S. N. Moscou 1861, p. 413. — Oshanin, Verz. paläarkt. Hem. II, 1907, p. 369. — v. Frauenfeld, Verh. zool.-bot. Ges. Wien XVII, 1867, p. 801—803, fig. (p. 804) — Biologie. — Reaumur, Hém. T. III, 1737, p. 351—362, pl. XXIX, fig. 17—24 — Larve, *Ficus carica* L. — Ferrari, Ann. Mus. Civ. Genova (2) VI, 1888, p. 76. — Löw, Verh. zool.-bot. Ges. Wien XXIX, 1879, pl. IX, fig. 9. — Girard, M., Bull. Soc. Ent. Fr. (5) VI, 1876, p. CXXXII — *Ficus carica* L.

203. **radiatum** Kuw. — Formosa
Homotoma radiatum Kuw., Sapporo Trans. Nat. Hist. Soc. II, 1907, p. 181, fig. 14.

Gen. **Freysuila.**

Freysuila Aleman, La Naturaleza (2) I, p. 26, pl. III. Schwarz, Proc. Ent. Soc. Wash. IV, 1899, p. 196.

204. **dugesii** Aleman.
Freysuila dugesii Aleman, l. c. p. 26, pl. III.
var. *crustii* Schwarz, Proc. Ent. Soc. Wash. IV, 1899, p. 197. — Venezuela, Caracas
var. *cedrelae* Schwarz, l. c. p. 197. — Trinidad, Westindien

Gen. **Mesohomotoma.**

Mesohomotoma Kuw., Sapporo Trans. Nat. Hist. Soc. II, 1907, p. 180, fig. 15,20.

205. **camphorae** Kuw. — Formosa, Ogasawara
Mesohomotoma camphorae Kuw., l. c. p. 181, fig. 15, 20. — Oshanin, Verz. paläarkt. Hem. III, 1910, p. 195.

Gen. **Macrohomotoma.**

Macrohomotoma Kuw., Sapporo Trans. Nat. Hist. Soc. II, 1907, p. 179, fig. 13.

206. **gladiatum** Kuw. — Formosa
Macrohomotoma gladiatum Kuw., l. c. p. 180, fig. 13.

Subf. **Triozinae.**

Subf. *Triozinae* Löw, Verh. zool.-bot. Ges. Wien XXVIII, 1878, p. 605, 609. — Kuw., Sapporo Trans. Nat. Hist. Soc. III, 1908, p. 53 — (Gattungstabelle d. japan. Arten).
Subf. *Triozaria* Put., Cat. p. 93; Oshanin II, 1907, p. 369.
Fam. *Triozidae* Edw., Hem. Hom. Br. Isl. 1896, p. 250.

Gen. Trioza.

Trioza Först., Verh. naturw. Ver. preuss. Rheinlande 1848, 3, p. 67. — v. Frauenfeldt, Verh. zool.-bot. Ges. Wien XVII, 1867, p. 804, fig. — Flor, Rhynch. Livl. 2, 1861, p. 484; Bull. S. N. Moscou 1861, p. 336. — Scott, Trans. Ent. Soc. London 1876, p. 551. — Löw, Verh. zool.-bot. Ges. Wien XXVIII, 1878, p. 609. — Edw., Hem. Hom. Br. Isl. 1896, p. 253, pl. III, fig. 33. — Frogg., Proc. Linn. Soc. N. S. W. XXVI, 1901, p. 243. — Maskell, Trans. New-Zealand Inst. XXII, 1890, pl. X.

207. **abdominalis** Flor.
Trioza abdominalis Flor, Rhynch. Livl. II, 1861, p. 502; Bull. S. N. Moscou 1861, p. 381, 392. — Reuter, Ent. Tidskr. 2, 1881, p. 62, 165, fig. — Biologie. — Edw., Hem. Hom. Br. Isl. 1896, p. 260. — Houard, Zoocécidies des Plantes d'Europe 1908, p. 536, No. 398 — *Alchemilla vulgaris* L. — Dalla Torre, Ber. nat. med. Ver. Innsbruck XX, 1892, p. 104 — *Alchem. vulgaris* L.

Skandinavien, Finnland, Österreich, Ungarn, Livland, Grossbritannien, Russland, Deutschland

208. **acutipennis** Zett.
Chermes acutipennis Zett. (nec Först., nec Flor), Fauna Ins. Lapp. 1828, p. 554(?); Ins. Lapp. I, 1840, p. 308.
Trioza acutipennis Scott, Trans. Ent. Soc. London 1876, pl. IX, fig. 3. — Thoms., Opusc. Ent. VIII, 1878, p. 826. — Löw, Verh. zool.-bot. Ges. Wien XXXII, 1882, p. 229; Larve, *Alchemilla vulgaris* L.; XXXVIII, 1888, p. 24, 39 — Larve. — Sulc, Sitz.-Ber. Böhm. Ges. Wiss. 1910, XVII, p. 5, pl. II. — Strand, Ent,. Tidskr. 23, 1902, p. 270. — Reuter, Ent. Tidskr. 2, 1881, p. 62, 270; Medd. F. F. Fenn. I, 1876, p. 72. — Oshanin, Verz. paläarkt. Hem. II, 1907, p. 377.
= *Trioza femoralis* Först., Verh. naturw. Ver. preuss. Rheinlande 1848, 3, p. 86. — Flor, Rhynch. Livl. 2, 1861, p. 518; Bull. S. N. Moscou 1861, p. 382, 390, 392. — Löw, Verh. zool.-bot. Ges. Wien XXVII, 1877, pl. VI, fig. 8. — Mey.-Dür., Mitth. Schw. Ent. Ges. 3, 1871, p. 387. — Leth., Cat. Nord 1874, p. 93.
= *Trioza alpestris* Löw, Verh. zool.-bot. Ges. Wien XXXI, 1881, p. 266, pl. XV, fig. 16, 17; 1882, p. 230. — Sulc, Sitz.-Ber. Ges. Wiss. Prag. 1910, XVII, p. 9. — Löw, op. c. XXXVIII, 1888, p. 34 — *Alchemilla vulgaris* L.

Frankreich, Deutschland, Schweiz, Österreich, Ungarn, Schweden, Norwegen Lappland, Finnland, Russland, Sibirien, Gottland,

209. **aegopodii** Löw.
Trioza aegopodii Löw, Ent. M. Mag. XIV, 1878, p. 228, 229; Verh. zool.-bot. Ges. Wien XXIX, 1879, p. 584, pl. XV, fig. 23 — Larve; Wien. ent. Ztg. 1882, p. 214. — Horwáth, Magyrovszági Psyllidákról. 1885. — Reuter, Ac. Soc. Sc. Fenn. A. XXXVI, 1908. — Puton, Catalogue 1899. — Sulc, Sitz.-Ber. Böhm. Ges. Wiss. 1911, V, p. 4, pl. XII. — Reuter, Ent. Tidskr. 2, 1881, p. 62, 166;

Deutschland, Schweiz, Skandinavien, Finnland, Österreich, Ungarn

— *Aegopodium podagraria* L. — Houard, Zoocécidies des Plantes d'Europe 1908, p. 771, No. 4455 — *Aeg. podagraria* L. — Löw, op. c. XXXVIII, 1888, p. 25, No. 100; 1884, p. 151. — Scott, Ent. M. Mag. XIX, 1882, p. 15. — Hieronymus, Jahresber. Ges. vaterl. Cultur. Breslau 1890, p. 107, No. 289. — Szepligeti, Fermesz. Fuzetek Budapest XIII, 1890, p. 13. — Rübsaamen, Verh. naturhist. Ver. Bonn 47, 1890, p. 30, No. 8. — Dalla Torre, Ber. nat. med. Ver. Innsbruck XX, 1892, p. 103. — Oshanin, Verz. paläarkt. Hem. II, 1907, p. 378 — *Aegopodium podagraria* L.

210. **agrophila** Löw. — Österreich, Deutschland

Trioza agrophila Löw, Verh. zool.-bot. Ges. Wien XXXVIII, 1888, p. 26, 35, No. 102 — Larve. — Houard, Zoocécidies des Plantes d'Europe 1908, p. 1019, No. 5934 — *Cirsium arvense* Scop. — Schlechtendal, Jahresber. Ver. Naturk. Zwickau 1890, p. 110, No. 1253. — Oshanin, Verz. paläarkt. Hem. II, 1907, p. 378. — Sulc, Sitz.-Ber. Böhm. Ges. Wiss. 1910, XVII, p. 28, pl. X — Literatur! — *Cirsiumarvense* L.

211. **alacris** Flor. — Italien, Frankreich, Spanien, Portugal, Dalmatien, Ungarn, Deutschland, Ligurien

Trioza alacris Flor, Bull. Soc. Imp. Nat. Moscou XXXIV, 1861, p. 380, 386, 393, 398—400 — *Prunus laurocerasus*, Galle: Blatteinrollung. — Thomas, Gartenflora XC, Heft 2, 3 — Biologie; *Laurus nobilis* (Cf. Wien. ent. Ztg. XI, 1892, p. 87). — Kessler, Ber. Ver. Kassel XXXIX, 1892—93, p. 19—25 — *L. nobilis* L. — Bohlin, Ent. Tidskr. XXII, p. 81—92, fig. 11, D—F. — *L. canariensis.* — Tavares, Annaes naturaes VII, 1900 — *L. nobilis* L. — Ferrari, Ann. Mus. Civ. Genova (2) VI, 1888 — *L. nobilis* L., *L. camphora.* — Houard, Zoocécidies des Plantes d'Europe 1908, p. 437, No. 2476 — *L. nobilis* L.; p. 438, No. 2473 — *L. canariensis* Webb. — Massalongo, Mem. Acad. Agric. Verona (3) LXIX, 1893, p. 39—42, No. 5, pl. III, fig. 1, 2 — *L. nobilis* L. — Hieronymus, Pax, Herbarium cecidiologicum fasc. VIII, No. 231 — *L. nobilis* L. — Trotter & Cecconi, Cecidotheca italica fasc. III, 1901, No. 69 — *L. nobilis* L. — Trotter, Nuovo Giorn. bot. ital. Firenze (2) XX, 1903, p. 28—29, No. 55 — *L. nobilis* L. — Tavares, Broteria, Lisboa IV, 1905, p. 33 — *L. nobilis* L.; p. 223, No. 40 — *L. canariensis.* — Marchal et Chateau, Mém. Soc. Hist. nat. XVIII, 1905, p. 268 — *L. nobilis* L. — Grevillius & Nissen, Arbeit. Rhein. Bauern-Verein 1908, fasc. III, No. 68 — *L. nobilis* L. — Rübsaamen, Marcellia, Padova I, 1902, p. 62—63, No. 11 — *L. canariensis.* — Oshanin, Verz. paläarkt. Hem. II, 1907, p. 372.

= *Trioza lauri* Targ., Resoconti Soc. ent. ital. 1879, p. 19, 20 (Atti Soc. Ital. XI — *Adunanze*). — Biologie, Anatomie.

aurus nobilis L., *L. canariensis*, *L. camphora.*

212. **albifrons** Crawf. — Californien
Trioza albifrons Crawford, Pomona Coll. J. Ent. 2, p. 231 (1910).

213. **albiventris** Först. — England, Deutschland, Schweden, Ligurien, Frankreich, Italien, Ungarn, Österreich, Finnland, Livland, Transcaucasien
Trioza albiventris Först., Verh. naturw. Ver. preuss. Rheinlande 1848, 3, p. 84. — Flor, Rhynch. Livl. II, 1861, p. 503; Bull. S. N. Moscou 1861, p. 383, 389, 393. — Löw, Wien. ent. Ztg. 1882, p. 214. — Mey.-Dür., Mitth. Schw. Ent. Ges. 3, 1871, p. 388. — Leth., Cat. Nord. 1874, p. 93. — Scott, Trans. Ent. Soc. London 1876, p. 525, 558; pl. IX, fig. 5 — *Betula*, *Pinus*. — Löw, Verh. zool.-bot. Ges. Wien XXVII, 1877, p. 138; XXIX, 1879, p. 582 — Larve; 1884, p. 150; 1888, p. 23. — Edw., Hem. Hom. Br. Isl. 1896, p. 254; pl. 28, fig. 9. — Oshanin, Verz. paläarkt. Hem. II, 1907, p. 374. — Sulc, Sitz.-Ber. Ges. Wiss. Prag. 1910, XVII, p. 9, pl. III. — Reuter, Ent. Tidskr. 2, 1881, p. 61, 164 — *Salix*. — Ferrari, Ann. Mus. Civ. Genova (2) VI, 1888, p. 77.
= *Trioza sanguinosa* Först., Verh. naturw. Ver. preuss. Rheinlande 1848, 3, p. 85. — Mey.-Dür., Mitth. Schw. Ent. Ges. 3, 1871, p. 388. — Löw, Verh. zool.-bot. Ges. Wien XXVII, 1877, p. 138.
= *Trioza vitreipennis* Först., l. c. p. 98. — Mey.-Dür., l. c. p. 388.
= *Trioza hypoleuca* Thoms., Opusc. ent. VIII, 1878, p. 828.
Betula, *Pinus*, *Salix alba* L., *S. amygdalina* L., *S. fragilis* L., *S. russeliana* Sm. etc.

214. **alexina** Marriner. — Neu-Seeland
Trioza alexina Marriner, Tr. N. Zealand Inst. XXXV, 1903, p. 305, pl. XXXIII—XXXIV — Nymphe; *Pittosporum tennifolium*.

215. **arizonae** Aulm. — Arizona
Trioza arizonae Aulmann, Ent. Rundschau 1912, Heft 22 (nov. nom.).
= *Trioza marginata* Crawford, Pomona Coll. J. Ent. 2, p. 232 (1910).

216. **assimilis** Flor. — Frankreich
Trioza assimilis Flor, K. d. Rhynch. 1861, p. 384, 386, 408. — Oshanin, Verz. paläarkt. Hom. II, 1907, p. 372.

217. **aurantiaca** Crawf. — Nevada
Trioza aurantiaca Crawford, Pomona Coll. J. Ent. 2, p. 231 (1910).
var. *frontalis* Crawford, l. c. p. 232. — Arizona

218. **bakeri** Crawf. — Californien
Trioza bakeri Crawford, Pomona Coll. J. Ent. 2, p. 230 (1910).

219. **banksiae** Frogg. — Australien, N. S. W.
Trioza banksiae Frogg., Proc. Linn. Soc. N. S. W. XXVI, 1901, p. 281; pl. XV, fig. 4; XVI, fig. 26.

220. **binotata** Löw. — Deutschland, Tirol
Trioza binotata Löw, Wien. ent. Ztg. II, 1883, p. 83, fig. 1—4 (p. 84) — Larve; *Hippophaë rhamnoides* L.; Verh. zool.-bot. Ges. Wien. 1884,

p. 152. — Sulc, Sitz.-Ber. Ges. Wiss. Prag 1910, XVII, p. 19, pl. VI. — Oshanin, Verz. paläarkt. Hem. II, 1907, p. 380. — Houard, Zoocécidies des Plantes d'Europe 1908, p. 749, No. 4321 — *Hipp. rhamnoides.* — Löw, Verh. zool. bot. Ges. Wien XXXVIII, 1888, p. 17, No. 46; p. 17—18, No. 47; p. 28, No. 113. — Dalla Torre, Ber. nat. med. Ver. Innsbruck XX, 1892, p. 133 — *Hipp. rhamnoides* L.

221. **brevifrons** Kuw. — Formosa
Trioza brevifrons Kuw., Sapporo Trans. Nat. Hist. Soc. III, 1909—1910, p. 61.

222. **californica** Crawf. — Californien
Trioza californica Crawford, Pomona Coll. J. Ent. 2, p. 232 (1910).

223. **camphorae** Sasaki. — Japan
Trioza camphorae Sasaki, Tokyo, Nip. Konch. Kw. Ho. 2, 1908, p. 131—144.

224. **cardui** L. — Frankreich, Dänemark
Trioza cardui L. Houard, Zoocécidies des Plantes d'Europe 1908, p. 1018, No. 5932 — *Cirsium arvense* Scop. — Rostrup, Nathist. Medd. Kjoebenhavn 1896, p. 57, No. 388 — *C. arvense* Scop. — Marchal et Chateau, Mém. Soc. Hist. nat. Autun XVIII, 1905, p. 250 — *C. arvense* Scop. *Cirsium arvense* Scop.

225. **carnosa** Frogg. — Australien, N. S. W.
Trioza carnosa Frogg., Proc. Linn. Soc. N. S. W. XXVI, 1901, p. 274, pl. XVI, fig. 12, 14.

226. **casuarinae** Frogg. — Australien, N. S. W.
Trioza casuarinae Frogg., Proc. Linn. Soc. N. S. W. XXVI, 1901, p. 284, pl. XV, fig. 11; XVI, fig. 27.

227. **centhranthi** Vall. — Frankreich, Deutschland, Österreich, England, Italien, Ungarn, Transkaukasien, Ligurien
Trioza centhranthi Vall., Mém. acad. sc. arts et belles-lettres Dijon. 1828—29, p. 106 — Larve, *Centhranthus ruber* D. C. — Löw, Verh. zool.-bot. Ges. Wien XXXVI, 1886, p. 164, pl. VI, fig. 12 — *Val. carinata* Lois; XXXVIII, 1888, p. 21, No. 75 — *Val. dentata* Pall., *Val. carinata* D. C., *Val. olitoria* Pall.; — Edw., Hem. Hom. Br. Isl. 1896, p. 256; pl. 28, fig. 10, 10a. — Oshanin, Verz. paläarkt. Hem. II, 1907, p. 371; III, 1910, p. 195. — André, Ann. S. Ent. Fr. (5), VIII, 1878, p. 77, pl. I, figs. 1—12 — Biologie, Larve, Parasiten; Feuil. Nat. VIII, p. 9 — Ökonomie, Parasiten. — Lambertie, Contrib. à la faune d. Hém. Heter., Cicad. et Psyll. Sud.-ouest de la France, Bordeaux 1901 — *Abies alba.* — Dalla Torre, 17. Ber. nat. med. Ver. Innsbruck, p. 4 (Vereinsnachr.); op. cit. XX, 1892, p. 169 — *Valerianella dentata* Pall. — Ferrari, Ann. Mus. Civ. Genova (2) VI, 1888, p. 76 — *Centhranthus ruber.* — Houard, Zoocécidies des Plantes d'Europe 1908, p. 932, No. 5395 — *Valerianella coronata* D. C.; No. 5397 — *V. dentata* Pall; No. 5398 — *V. carinata* Lois;

No. 5399 — *V. auricula* D. C.; No. 5400 — *V. olitoria* Pall; p. 934, No. 5405 — *Fedia cornucopiae* Gaertn.; p. 937, No. 5431, 5433 — *Centhranthus ruber* D. C.; No. 5434, 5435 — *C. angustifolius* D. C.; p. 938, No. 5438 — *C. calcitrapa* Dufresne; C. R. Assoc. franç. avanc. sci. Paris 1901, p. 702, No. 18 — *Centhranthus ruber* D. C. — Massalongo, Nuovo Giorn. bot. ital. Firenze (2) VI, 1899, p. 147—148, No. 73 — *Valerianella coronata* D. C.; p. 146—147, No. 72 — *V. auricula* D. C. — Massalongo et Ross, Berl. Ber. D. bot. Ges. XVI, 1898, p. 404—405, pl. XXVII, fig. 5—10 — *Fedia cornucopiae* Gaertn. — Kieffer, Ann. Soc. Ent. Paris. LXX, 1901, p. 544—545 — *Val. coronata* D. C. — Hieronymus, Jahresber. Ges. vaterl. Cultur, Breslau 1890, p. 109, No. 304 — *Val. carinata* Lois. — Hieronymus et Pax, Herbarium cecidiologicum 1901, fasc. IX, No. 274—274a — *Val. dentata* Pall; No. 255, 353 — *Centranthus ruber* D. C. — Mason, Herbarium cecidiologicum 1894, p. 231 — *Val. dentata* Pall. — Rostrup, Nathist. Medd. Kjoebenhavn 1896, p. 54, No. 370 — *Val. dentata* Pall. — Cecconi, Marcellia, Avellino V, 1906, p. 42, No. 59 — *Val. dentata* Pall; Malpighia, Genova XIV, 1900, p. 245, No. 43 — *Val. olitoria* Pall. — Marchal et Chateau, Mém. Soc. hist. nat. Autun XVIII, 1905, p. 314 — *Val. carinata* Lois; p. 313 — *Val. auricula* D. C.; p. 314 — *Val. olitoria* Pall.; p. 249 — *Centranthus ruber* D. C. — Trotter, Marcellia, Avellino IV, 1905, p. 103, No. 22 — *Val. carinata* Lois; Marcellia, Padova 1902, p. 122 — *Centranthus ruber* D. C. — Trotter et Cecconi, Cecidotheca italica 1902, fasc. VII, No. 159 — *Centr. ruber* D. C. — Liebel, Zs. Natw. Halle (4) V, 1886, p. 577, No. 320 — *Val. auricula* D. C. — Molliard, Ann. sci. nat. Bot. Paris (8) I, 1895, p. 147—152, pl. XI, fig. 10—15 — *Val. auricula* D. C. — Martel, Bull. soc. étud. sci. nat. Elboeuf. XIV, 1894, p. 17, No. 246 — *Val. olitoria* Pall. — Szepligeti, Termesz. Fuzetek Budapest XVIII, 1895, p. 218, No. 94 — *Val. olitoria* Pall. — Stefani, Marcellia, Padova I, 1902, p. 110, No. 5 — *Fedia cornucopiae* Gaertn. — Gerber, C. R. Assoc. franç. avanc. sci. Paris 1905, p. 496—500, figs. 10—11 — *Centranthus ruber* D. C.; p. 488—496, figs. 1—9 — *Centr. calcitrapa* Dufresne; Bull. Ass. franç. avanc. sci. I, partie 1905, p. 324 — *Centr. calcitrapa* Dufr. — André, Feuille jeunes natural. Paris. VIII, 1878, p. 9 — *Centr. angustifolius* D. C. — Ross, Die Gallbildungen der Pflanzen 1904, p. 27 — *Valerianella.*

= *Trioza acutipennis* Först. (nec Zett.), Verh. naturw. Ver. preuss. Rheinlande 1848, 3, p. 87. — Mey.-Dür, Mitth. Schw. Ent. Ges. 3, 1871, p. 387. — Löw, Verh. zool.-bot. Ges. Wien XXXVI, 1886, p. 165, pl. VI, fig. 12.

= *Trioza neilreichei* Frauenf., Verh. zool.-bot. Ges. Wien XIV, 1864, p. 689 — *Valeriana dentata* Pall. — Larve.
= *Trioza fediae* (Först.) Kaltenbach, Pflanzenfeinde 1874, p. 314 (nom. nudum). — v. Schilling, Die Feinde des Gemüsebaus 1898.
= *Trioza angulipennis* Put., Cat. Hem. 2, 1875, p. 80.
Valerianella coronata D. C., *Val. dentata* Pall., *Val. carinata* Lois., *Val. auricula* D. C., *Val. olitoria* Pall., *Fedia cornucopiae* Gaertn., *Centranthus ruber* D. C., *Centr. angustifolius* D. C., *Centr. calcitrapa* Dufresne.

228. **cerastii** L. — Deutschland, Frankreich, Österreich, Ungarn, Schweden, Finnland

Chermes cerastii L., Faun. suec. sp. 1003.
Psylla cerastii Löw, H., Stettin. Ent. Ztg. 1847, p. 344, pl. I, fig. 1—5 — *Cerastium triviale*, *C. semidecandrum* L., Larve.
Trioza cerastii Löw, F., Verh. zool.-bot. Ges. Wien XXIX, 1879, p. 589, 591, pl. XV, fig. 26—28 — Larve; 1884, p. 151; XXXVIII, 1888, p. 26, No. 105 — *Cer. semidecandrum* L.; p. 543, No. 20 — *Cer. triviale* Link. — Löw, Wien. ent. Ztg. 1882, p. 214. — Oshanin, Verz. paläarkt. Hem. II, 1907, p. 379. — Reuter, Ent. Tidskr. 2, 1881, p. 62, 166 — *Cer. triviale*, *Cer. semidecandrum* L.; Soc. F. Fl. Fenn. 1880. — Houard, Zoocécidies des Plantes d'Europe 1908, p. 414, No. 2323, 3225 — *Cerastium glomeratum* Thuill; No. 2329 — *Cer. semidecandrum* L.; No. 2333, p. 415, No. 2335 — *Cer. triviale* Link; p. 416, No. 4341 — *Cer. alpinum* L.; No. 2344, 2346 — *Cer. arvense* L. — Peyritsch, Jahrb. wiss. Bot. Leipzig XIII, 1882, p. 16, pl. I, fig. 22 — *Cer. glomeratum* Thuill. — Kieffer, Berlin. Ent. Zeitschr. XLII, 1897, p. 19, No. 1 — *Cer. glomeratum* Thuill.; Verh. zool.-bot. Ges. Wien XXXVIII, 1888, p. 107—109 — *Cer. semidecandrum* L., *Cer. triviale* Link, *Cer. arvense* L. — Dalla Torre, Ber. nat. med. Ver. Innsbruck XX, 1892, p. 115 — *Cer. semidecandrum* L., *Cer. alpinum* L., *Cer. arvense* L. — Marchal et Chateau, Mém. Soc. Hist. nat. Autun XVIII, 1905, p. 249 — *Cer. semidecandrum* L. — Liebel, Zs. Naturw. Halle (4) V, 1886, p. 540, No. 63 — *Cer. semidecandrum* L.; No. 63 — *Cer. triviale* Link, *Cer. arvense* L.; Ent. Nachr. Berlin XV, 1889, p. 297 — *Cer. semidecandrum* L., *Cer. triviale* Link, *Cer. arvense* L. — Molliard, Ann. sci. nat. Bot. Paris (8) I, 1895, p. 177—179, pl. VII, fig. 13—18 — *Cer. triviale* Link. — Massalongo, Marcellia Avellino III, 1904, p. 116, No. 25 — *Cer. triviale* Link. — Lagerheim, Arch. Bot. Upsala IV, 1905, p. 21, No. 1 — *Cer. triviale* Link. — Trotter, Marcellia Avellino VI, 1907, p. 32, No. 31 — *Cer. arvense* L. — Kaltenbach, Pflanzenfeinde 1874, p. 58, No. 12 — *Cer. arvense* L. — Sulc, Sitz.-Ber. Ges. Wiss. Prag 1910, XVII, p. 23, pl. VII.

= *Trioza flavescens* Mey.-Dür, Mitth. Schw. Ent. Ges. 3, 1871, p. 386 — *Cerastium triviale* Link, *Cer. glomeratum* Thuill, *Cer. semidecandrum* L., *Cer. alpinum* L., *Cer. arvense* L.

229. **chenopodii** Reut. — Frankreich, England, Österreich, Ungarn, Schweden, Finnland, Russland

Trioza chenopodii Reut., Medd. Soc. F. F. Fenn. I, 1876, p. 76; Ent. Tidskr. 1881, p. 163, fig. — Nymphe, Larve — *Chenopodium, Atriplex*. — Edw., Hem. Hom. Br. Isl. 1896, p. 260. — Scott, Ent. M. Mag. XVI, 1879, p. 114—115. — Oshanin, Verz. paläarkt. Hem. II, 1907, p. 371.

= *Trioza dalei* Scott, Ent. M. Mag. XIV, p. 31.

= *Trioza atriplicis* Licht., Ent. M. Mag. XVI, 1879, p. 82—83. — Houard, Zoocécidies des Plantes d'Europe 1908, p. 390, No. 2198 — *Atriplex patulum* L., *Chenopodium* spsp.

230. **chrysanthemi** Löw. — Deutschland, Skandinavien, Schweiz

Trioza chrysanthemi Löw, Verh. zool.-bot. Ges. Wien XXVII, 1877, p. 151, fig. 15a—e; XXVIII, 1878, p. 25; XXIX, 1879, p. 592; XXXII, 1882, p. 234; XXXIV, 1884, p. 151 — *Chrysanthemum leucanthemum* L. — Reuter, Ent. Tidskr. 2, 1881, p. 62 — Biologie; Med. F. Fl. Fenn. XIII, 1886; Acta soc. sc. Fenn. 1908. — Sulc, Sitz.-Ber. Böhm. Ges. Wiss. 1911, V, p. 27, pl. XIX. — Löw, Wien. ent. Ztg. 1882, p. 214. — Puton, Catalogue 1899. — Oshanin, Verz. paläarkt. Hem. II, 1907, p. 378. — Houard, Zoocécidies des Plantes d'Europe 1908, p. 989, No. 5738 — *Chr. leucanthemum* L.; p. 990, No. 5748 — *Chr. japonicum* Thunb. — Dalla Torre, Ber. nat. med. Ver. Innsbruck XX, 1892, p. 116 — *Chr. leucanthemum* L. — Lagerheim, Mitt. Bad. bot. Ver. Freiburg 1903, p. 341, No. 1 — *Chr. leucanthemum* L.; Arch. Bot. Upsala IV, 1905, p. 21 — *Chr. leucanthemum* L. — Lenné, Bull. Soc. Horticult. Alençon 1902, p. 39, No. 144 — *Chr. japonicum* Thunb., *Chrysanthemum leucanthmum* L.

231. **circularis** Frogg. — Australien, N. S. W.

Trioza circularis Frogg., Proc. Linn. Soc. N. S. W. XXVI, 1901, p. 279.

232. **cirsii** Löw. — Deutschland, Ungarn, Österreich, Frankreich, Skandinavien, Finnland

Trioza cirsii Löw, Verh. zool.-bot. Ges. Wien XXXI, 1881, p. 264, 266, pl. XV, fig. 14, 15 — Larve; 1884, p. 151; 1886, p. 168; 1888, p. 26; Wien. ent. Ztg. 1882, p. 214. — Reuter Ent. Tidskr. 2, 1881, p. 62 — Biologie; Medd. Soc. F. F. Fenn. IX, p. 123; Acta Soc. Sc. Fenn. T. XXXVI, p. 62, 1908. — Frauenfeld, Verh. zool.-bot. Ges. Wien XVI, 1866, p. 980 — Larve. — Oshanin, Verz. paläarkt. Hem. II, 1907, p. 378. — Horváth, Magyaroszági Psyllidakrol, Budapest 1885. — Puton, Catalogue 1899. — Sulc, Sitz.-Ber. Böhm. Ges. Wiss. 1911, V, p. 1, pl. XI. — *Cirsium erisithales* Scop., *Cirs. oleraceum* Scop.

233. **cockerelli** Sulc. — N. Amerika
Trioza cockerelli Sulc, Cas. Cesk. Spol. Entom. 1909, p. 102, fig. 4 (p. 106).

234. **collaris** Crawf. — Californien
Trioza collaris Crawford, Pomona Coll. J. Ent. 2, p. 229 (1910).

235. **coriacea** Horv. — Ungarn
Trioza coriacea Horv., Revue d'Ent. franç. XIV, 1895, p. 165. — Oshanin, Verz. paläarkt. Hem. II, 1907, p. 380.
= *Psylla coriacea* Put., Cat. p. 112.

236. **crawfordi** Aulm. — Nicaragua
Trioza crawfordi Aulmann, Entom. Rundschau 1912, Heft 22 (nov. nom.).
= *Trioza acutipennis* Crawford, Pomona Coll. J. Ent. 2, p. 230 (1910).

237. **crithmi** Löw. — Grossbritannien, Frankreich, Illyrien
Trioza crithmi Löw, Verh. zool.-bot. Ges. Wien XXIX, 1879, p. 556, pl. XV, fig. 7. — Edw., Hem. Hom. Br. Isl. 1896, p. 255. — Scott, Ent. M. Mag. XIX, 1882, p. 64—66, 205 — Biologie, *Crithmum maritimum* L. — Scott & Gosse, Ent. M. Mag. XVIII, p. 276 — Larve, Nymphe. — Oshanin, Verz. paläarkt. Hem. II, 1907, p. 376 — *Crithmum maritimum* L.

238. **curvatinervis** Först. — Frankreich, Deutschland, Ungarn, Finnland, Österreich, Japan (Honshu)
Trioza curvatinervis Först., Verh. naturw. Ver. preuss. Rheinlande 1848, 3, p. 83. — Kuw., Sapporo Trans. Nat. Hist. Soc. II, 1907, p. 62. — Mey.-Dür, Mitth. Schw. Ent. Ges. 3, 1871, p. 388. — Oshanin, Verz. paläarkt. Hem. II, 1907, p. 376.
= *Trioza pallipes* Först., l. c. p. 84.
= *Trioza unifasciata* Löw., Ent. M. Mag. XIV, 1878, p. 229; Verh. zool.-bot. Ges. Wien XXIX, 1879, p. 580; pl. XV, fig. 22.

239. **dichroa** Scott. — Russland merid., Ungarn, Astrachan
Trioza dichroa Scott., Ent. M. Mag. XV, 1879, p. 265. — Lichtenst., Bull. Soc. ent. Fr. (5) IX, ——, p. CXV. — Oshanin, Verz. paläarkt. Hem. II, 1907, p. 373.

240. **dispar** Löw. — Schweden Norwegen, Frankreich, Ungarn, Finnland, Österreich
Trioza dispar Löw. Ent. M. Mag. XIV, 1878, p. 229. — Reuter, Ent. Tidskr. III, p. 194—209; Medd. Soc. F. F. Fenn. 23. Heft, 1885, p. 54—55. — Löw, Verh. zool.-bot. Ges. Wien XXVIII, 1878, p. 229 — *Tar. officinale* Wiggers.; XXIX, 1879, p. 592, pl. XV, fig. 29 — Larve; XXXVIII, 1888, p. 27—28, No. 111 — *Aposcris foetida* Less., *Leontodon hastilis* L., *Taraxacum officinale* Wiggers.; 1882, p. 236; 1884, p. 152; Wien. ent. Ztg. 1882, p. 214. — Oshanin, Verz. paläarkt. Hem. II, 1907, p. 380. — Houard, Zoocécidiies des Plantes d'Europe 1908, p. 1033, No. 6031 — *Aposcris foetida* Less.; p. 1036, No. 6050 — *Leontodon hastilis* L.; p. 1043, No. 6092 — *Taraxanum officinale* Wiggers.; No. 6098 — *Tar. palustre* Ehrh. — Thomas, Zs. Naturw. Halle

XLVI, 1875, p. 444 — *Aposcris foetida* Less.; Ent. Nachr. XIV, 1905, p. 290, No. 1 — *Tarax. officinale* Wiggers. — Šulc, Sitz.-Ber. Böhm. Ges. Wien 1911, V, p. 20, pl. XVII. — Reuter, Acta Soc. Sc. Fenn. 1908. — Puton Catalogue 1899, p. 114. — Schlechtendal., Jahresb. Ver. Natk. Zwickau 1890, p. 105, No. 1186 — *Aposeris foetida* Less.; p. 112, No. 1292 — *Leontodon hastilis* L. — Kieffer, Ann. Soc. ent. Paris LXX, 1901, p. 255 — *Ap. foetida* Less.; p. 353 — *L. hastilis* L. — Lagerheim, Arch. Bot. Upsala IV, 1905, p. 23 — *Tarax. officinale* Wiggers.; p. 24, 27 — *Tarax. palustre* Ehrh.

Aposeris foetida Less., *Leontodon hastilis* L., *Taraxacum officinalis* Wiggers., *Tarax. palustre* Ehrh.

241. **distincta** Flor. — Deutschland, Frankreich, Österreich
Trioza distincta Flor, Kat. d. Rhynch. 1861, p. 379, 387, 401. — Oshanin, Verz. paläarkt. Hem. II, 1907, p. 372.

242. **dobsoni** Frogg. — Australien: Queensland; Tasmanien: Hobart
Trioza dobsoni Frogg., Proc. Linn. Soc. N. S. W. 1903, p. 331, pl. IV, fig. 11; V, fig. 15.

243. **eleagni** Scott. — Kaukasus, Petrowsk
Trioza eleagni Scott, Ent. M. Mag. XVI, 1879, p. 252. — Löw, Verh. zool.-bot. Ges. Wien XXX, 1880, p. 266. — Oshanin, Verz. paläarkt. Hem. II, 1907, p. 373.

244. **eucalypti** Frogg. — Australien, N. S. W.
Trioza eucalypti Frogg., Proc. Linn. Soc. N. S. W. XXVI, 1901, p. 277; pl. XVI, fig. 23.

245. **eugeniae** Frogg. — Australien, N. S. W.
Trioza eugeniae Frogg., Proc. Linn. Soc. N. S. W. XXVI, 1901, p. 282, pl. XV, fig. 10; XVI, fig. 15.

246. **flavipennis** Först. — Italien, Frankreich, Schweiz, Deutschland, Österreich, Livland, Russland, Skandinavien, Ligurien
Trioza flavipennis Först., Verh. naturw. Ver. preuss. Rheinlande 1848, 3, p. 98. — Flor, Rhynch. Livl. 2, 1861, p. 521; Bull. S. N. Moscou 1861, p, 381, 389, 399. — Mey.-Dür, Mitth. Schw. Ent. Ges. 3, 1871, p. 387. — Löw, Verh. zool.-bot. Ges. Wien XXI, 1871, p. 843—846 — Larve, Nymphe, Ökonomie; pl. I, fig. 19—21; XXVI, 1876, p. 213, pl. I, fig. 19—22; XXXVIII, 1888, p. 27, No. 109 — *Lactuca muralis* Fresenius. — Oshanin, Verz. paläarkt. Hem. II, 1907, p. 380. — Blümml, Illustr. Zeitschr. Ent. IV, 1899, p. 305—308, fig. 5—8 — Genitalien. — Ferrari, Ann. Mus. Civ. Genova (2), VI, 1888, p. 77. — Reuter, Ent. Tidskr. 2, 1881, p. 62. — Houard, Zoocécidies des Plantes d'Europe 1908, p. 1047, No. 6116 — *Lactuca muralis* Fresenius; p. 1050, No. 6138 — *Prenanthes purpurea* L. — Schlechtendal, Jahresber. Ver. Natk., Zwickau 1890, p. 112, No. 1288 — *Lactuca muralis* Fresenius. — Dalla Torre, Ber. nat. med. Ver. Innsbruck XX, p. 135 — *Lactuca muralis* Fres. —

Trotter, Marcellia Avellino VI, 1907, p. 104, No. 7 — *Lactuca muralis* Fres. — Trotter et Cecconi, Cecidotheca italica 1907, fasc. XVII, No. 408. — *Lactuca muralis* Fres. — Reiber et Puton, Bull. Soc. Hist. Nat. Colmar 1879, p. 28 — *Prenanthes purpurea* L. — Kieffer, Ann. Soc. ent. Paris LXX, 1901, p. 396 — *Prenanthes purpurea* L.
= *Trioza försteri* Mey.-Dür, Mitth. Schw. Ent. Ges. 3, 1871, p. 387, 390. — *Lactuca muralis* Fresenius, *Prenanthes purpurea* L.

247. **formosana** Kuw. — Formosa
Trioza formosana Kuw., Sapporo Trans. Nat. Hist. Soc. III, p. 66, pl. II, fig. 6.

248. **fovealis** Crawf. — Nordamerika
Trioza fovealis Crawford, Pomona Coll. J. Ent. 2, p. 233 (1910).

249. **fraudatrix** Horv. — Croatien
Trioza fraudatrix Horv., Termesz. Fuzetek XX, 1897, p. 641. — Oshanin, Verz. paläarkt. Hem. II, 1907, p. 374.

250. **frontalis** Crawf. — Colorado
Trioza frontalis Crawford, Pomona Coll. J. Ent. 2, p. 230 (1910).

251. **fulvida** Crawf. — Colorado
Trioza fulvida Crawford, Pomona Coll. J. Ent. 2, p. 231 (1910).
var. *similis* Crawford, l. c. p. 231. — „

252. **furcata** Löw.
Trioza furcata Löw, Verh. zool.-bot. Ges. Wien XXX, 1880, p. 265, pl. VI, fig. 10a—b. — Oshanin, Verz. paläarkt. Hem. II, 1907, p. 373. — Turkestan

253. **galii** Först. — Schweden, England, Deutschland, Frankreich, Österreich, Ungarn, Italien, Algerien, Finnland, Russland, Transcaucasien, Sibirien, Irland, Japan, Formosa, Ligurien
Trioza galii Först., Verh. naturw. Ver. preuss. Rheinlande 1848, 3, p. 87 — *Galium verum*. — Flor, Rhynch. Livl. 2, 1861, p. 516; Bull. S. N. Moscou 1861, p. 378, 388, 394. — Mey.-Dür, Mitth. Schw. Ent. Ges. 3, 1871, p. 387. — Thoms., Opusc. ent. VIII, 1878, p. 824. — Leth., Cat. Nord 1874, p. 92. — Scott, Trans. Ent. Soc. London 1876, p. 555, pl. IX, fig. 4; Ent. M. Mag. XIX, 1882, p. 15 — *Gal. palustre* L.; XV, 1878, p. 92, 255. — Edw., Hem. Hom. Br. Isl. 1896, p. 257, pl. 27, fig. 9; Ent. M. Mag. 1908, p. 85, fig. 7. — Oshanin, Verz. paläarkt. Hem. II, 1907, p. 372; III, 1910, p. 195. — Kuw., Sapporo Trans. Nat. Hist. Soc. II, 1907, p. 57. — Kieffer, Ent. Nachr. XV, 1889, p. 223 — Larve. — Sulc, Sitz.-Ber. Ges. Wiss. Prag XVII, 1910, p. 16, pl. V. — Reuter, Ent. Tidskr. 2, 1888, p. 162 — *Galium palustre, G. uliginosum, G. verum*. — Douglas, Ent. M. Mag. XV, 1878, p. 92; 1879, p. 255. — Ferrari, Ann. Mus. Civ. Genova (2), VI, 1888, p. 77. — Reuter, Medd. F. F. Fenn. I, 1876, p. 72 — *Gal. uliginosum*. — Houard, Zoocécidies des Plantes d'Europe 1908, p. 899, No. 5172 — *Sherardia arvensis* L., p. 904, No. 5210 — *Galium mollugo* L.; p. 910, No. 5262 — *Gal. austriacum* Jacq.; p. 911, No. 5271 —

Gal. uliginosum L.; p. 912, No. 5276 — *Gal. palustre* L.; p. 915, No. 5291 — *Gal. verum* L.; p. 917, No. 5306 — *Gal. aparine* L.; p. 918, No. 5312 — *Gal. parisiense* L. var. *decipiens* Jordan. — Liebel, Zs. Naturw. Halle (4), V, t. 59, 1886, p. 574, No. 274 — *Sherardia arvensis* L. — Baldrati, Nuovo Giorn. bot. ital. Firenze (2), VII, t. 32, 1900, p. 34, No. 69 — *Sherardia arvensis* L. — Kieffer, Miscellanea Entom. Narbonne V, 1897, p. 59 — *Gal. mollugo* L.; Ann. Soc. ent. LXX, 1901, p. 326 — *Gal. mollugo* L. — Cecconi, Marcellia Padova I, 1902, p. 143, No. 78 — *Sher. arvensis* L. — Löw, Wien. ent. Ztg. 1882, p. 214; Verh. zool.-bot. Ges. Wien XXXVIII, 1888, p. 22, No. 78. — *Gal. austriacum* Jacq.; *Gal. uliginosum* L.; *Gall. palustre* L.; *Gal. verum* L., *Gal. aparine* L. — Douglas, Ent. M. Mag. XV, 1878, p. 92—93 — *Gal. uliginosum* L. — Schlechtendal. Jahresb. Ver. Natk. Zwickau 1895, p. 48 — *Gal. palustre* L. — Lagerheim, Arch. Bot. Upsala IV, 1905, p. 21, pl. I, fig. 8 — *Gal. palustre* L., *Gal. verum* L. — Hardy, Phytologist, London IV, 1853, p. 3876; Proc. Nat. Club, Bernick III, 1877, p. 111—113; Zoologist XI, p. 3875—3877 — *Gal. verum* L., *Gal. aparine* L. (Phytol. p. 3876). — Tavares, Brotéria Lisboa II, 1903, p. 167, No. 24; IV, 1905, p. 24 — *Gal.* parisiense L. var. *decipiens* Jordan.

Galium palustre L., *Gal. uliginosum* L., *Gal. verum* L., *Gal. austriacum* Jacq., *Gal. mollugo* L., *Gal. aparine* L., *Gal. parisiense* L. var. *decipiens* Jordan; *Sherardia arvensis* L.

254. **gallifex** Kieff. — Mendoza
Trioza gallifex Kieffer, Centralbl. Bakt. Abt. 2, 27, p. 386 (1910).

255. **greisigeri** Horv. — Ungarn
Trioza greisigeri Horv., Termesz. Fuzetek XX, 1897, p. 642. — Oshanin, Verz. paläarkt. Hem. II, 1907, p. 379.

256. **horvathi** Löw. — Ungarn
Trioza horvathi Löw, Verh. zool.-bot. Ges. Wien XXX, 1881, p. 263, pl. XV, fig. 12, 13. — Oshanin, Verz. paläarkt. Hem. II, 1907, p. 372.

257. **immaculata** Crawf. — Nordamerika
Trioza immaculata Crawford, Pomona Coll. J. Ent. 2, p. 233 (1910).

258. **iolani** Kirk. — Kauai, Oahu (Hawaii)
Trioza iolani Kirk., Fauna Hawaiiensis III, 1902, p. 114, pl. IV, fig. 2, 2a.

259. **kiefferi** Giard. — Algerien, Frankreich, Italien, Portugal, Schweiz, Sicilien
Trioza kiefferi Giard., Bull. soc. ent. Fr. 1902, p. 121 — Biologie; *Rhamnus alaternus* L. — Oshanin, Verz. paläarkt. Hem. II, 1907, p. 381. — Houard, Zoocécidies des Plantes d'Europe 1908, p. 703, No. 4062 — *Rh. alaternus* L.; No. 4065 — *Rh. alpinus* L.; No. 4066 — *Rh. oleoides* L.; Marcellia Padova I, 1902, p. 46, No. 46, fig. 20—22 — *Rh. alaternus* L. — Kieffer, Bull. soc. ent. Paris

1898, p. 214—215, fig. 1—2 — *Rh. alaternus* L., *Rh. oleoides* L., Ann. Soc. ent. Paris LXX, 1901, p. 474 — *Rh. oleoides* L. — Trotter & Cecconi, Cecidotheca italica 1902, fasc. VI, No. 135 — *Rh. alaternus* L. — Tavares, Broteria, Lisboa IV, 1905, p. 86, pl. VIII, fig. 22 — *Rh. alaternus* L. = *Asterolecanium rhamni* Kieff.
Rhamnus alaternus L., *Rh. alpinus* L., *Rh. oleoides* L.

260. **koebeli** Kirk. — Mexiko
Trioza koebeli Kirk., Canad. Ent. 1905, p. 290, fig. 14 — *Persea gratissima*.

261. **laticeps** Crawf. — Nordamerika
Trioza laticeps Crawford, Pomona Coll. J. Ent. 2, p. 233 (1910).

262. **latipennis** Crawf. — Californien
Trioza latipennis Crawford, Pomona Coll. J. Ent. 2, p. 230 (1910).

263. ? **lepidoptera** Rud. — Norddeutschland
Trioza lepidoptera Rud., Progr. Realschule Neustadt Eberswalde 1874, p. 11 — *Alnus* sp. — Oshanin, Verz. paläarkt. Hem. II, 1907, p. 381 — *Alnus* sp.

264. **longicornis** Crawf. — Vancouver
Trioza longicornis Crawford, Pomona Coll. J. Ent. 2, p. 231 (1910).

265. **longistylus** Crawf. — Nordamerika
Trioza longistylus Crawford, Pomona Coll. J. Ent. 2, p. 233 (1910).

266. **louisianae** Aulm. — Louisiana
Trioza louisianae Aulmann, Ent. Rundschau 1912, Heft 22 (nov. nom.).
= *Trioza nigra* Crawf., Pomona Coll. J. Ent. 2, p. 232 (1910).

267. **maculata** Crawf. — Arizona
Trioza maculata Crawford, Pomona Coll. J. Ent. 2, p. 230 (1910).

268. **maculipennis** Crawf. — Californien
Trioza maculipennis Crawford, Pomona Coll. J. Ent. 2, p. 230 (1910).

269. **magna** Kuw. — Japan (Honshu)
Trioza magna Kuw., Sapporo Trans. Nat. Hist. Soc. III, 1909—1910, p. 59.

270. ? **marginata** Hartig. — Deutschland, Österreich
Psylla marginata Hartig, Germ. Zeitschr. Ent. III, 1841, p. 374.
? *Trioza marginata* Löw, Verh. zool.-bot. Ges. Wien XXXII, 1882, p. 242. — Put., Cat. p. 112. — Oshanin, Verz. paläarkt. Hem. II, 1907, p. 381.

271. **marginepunctata** Flor. — Frankreich, Österreich, Ungarn
Trioza marginepunctata Flor, Kat. d. Rhynch. 1861, p. 382, 387, 396. — Löw, Verh. zool.-bot. Ges. Wien XXIX, 1879, p. 583; XXXVIII, 1888, p. 23, No. 87 — Larve, *Rhamnus alaternus* L. — Houard, Zoocécidies des Plantes d'Europe 1908, p. 703, No. 4061 — *Rh. alaternus* L. — Oshanin,

Verz. paläarkt. Hem. II, 1907, p. 374 — *Rhamnus alaternus* L.

272. **maura** Först. — Frankreich, Deutschland, Schweiz, Österreich. Ungarn

Trioza maura Först., Verh. naturw. Ver. preuss. Rheinlande 1848, 3, p. 94. — Mey.-Dür, Mitth. Schw. Ent. Ges. 3, 1871, p. 387. — Oshanin, Verz. paläarkt. Hem. II, 1907, p. 376. — Sulc, Sitz.-Ber. böhm. Ges. Wiss. 1911, V, p. 10, pl. XIV. — Löw, Wien. ent. Ztg. 1882, p. 214; Verh. zool.-bot. Ges. Wien 1882, p. 242; 1884, p. 151, Larve; 1888, p. 24. — Puton, Catalogue 1899.

= *Psylla helvetina* Mey.-Dür, l. c. p. 388, 391.

Salix alba L., *S. amygdalina*, *S. fragilis*, *S. purpurea*, *S. russeliana* etc.

273. **mesomela** Flor. — Frankreich, Spanien, Portugal, Deutschland, Österreich, Ungarn

Trioza mesomela Flor., Kat. d. Rhynch. 1861, p. 378, 385, 395. — Bol. y Chic., An. Soc. Exp. VIII, pl. III, fig. 11. — Oshanin, Verz. paläarkt. Hem. II, 1907, p. 372.

274. **minuta** Crawf. — Nordamerika

Trioza minuta Crawford, Pomona Coll. J. Ent. 2, p. 232 (1910)

275. **modesta** Först. — Deutschland, Österreich

Trioza modesta Först., Verh. naturw. Ver. preuss. Rheinlande 1848, 3, p. 84. — Mey.-Dür, Mitth. Schw. Ent. Ges. 3, 1871, p. 388. — Oshanin, Verz. paläarkt. Hem. II, 1907, p. 373.

276. **multitudinea** Tepp. — Südaustralien

Ascelis multitudinea Tepp., Trans. R. Soc. S. Aust. XVII, 1893, p. 278, pl. III, fig. 15—21.

Trioza multitudinea Maskell, Trans. Soc. South Australia XXII, 1898, p. 8, pl. III, fig. 11—17.

277. **munda** Först. — Deutschland, England, Irland, Frankreich, Schweiz

Trioza munda Först., Verh. naturw. Ver. preuss. Rheinlande 1848, 3, p. 88. — Mey.-Dür, Mitth. Schw. Ent. Ges. 3, 1871, p. 387. — Löw, Verh. zool.-bot. Ges. Wien XXXVI, 1886, p. 169; XXXVIII, 1888, p. 26, No. 104. — Edw., Hem. Hom. Br. Isl. 1896, p. 259, pl. 28, fig. 106. — Sulc, Sitz.-Ber. böhm. Ges. Wiss. V, 1911, p. 24, pl. XVIII. — Löw, l. c. 1884, p. 151; 1882, p. 243; Wien. ent. Ztg. 1882, p. 214. — Oshanin, Verz. paläarkt. Hem. II, 1907, p. 378. — v. Frauenfeldt, Verh. zool.-bot. Ges. Wien XVI, 1866, p. 979 — Larve; *Knautia silvatica* Duby. — Houard, Zoocécidies des Plantes d'Europe 1908, p. 940, No. 5452 — *Kn. silvatica* Duby. — Kaltenbach, Pflanzenfeinde 1874, p. 318, No. 34 — *Kn. silvatica* Duby. — Reuter, Medd. F. F. Fenn. I, 1876, p. 72 — *Urtica dioica*; Ann. soc. sc. fenn. 1908. — Puton, Catalogue 1899.

= *Trioza distincta* Mey.-Dür, Mitth. Schw. Ent. Ges. 3, 1871, p. 391.

= *Trioza meyer-düri* Löw, Verh. zool.-bot. Ges. Wien XXIX, 1879, p. 595, pl. XV, fig. 31.

Knautia (Scabiosa) silvatica Duby, *Urtica dioica*

278. **nicaraguensis** Crawf. — Nicaragua
Trioza nicaraguensis Crawford, Pomona Coll. J. Ent. 2, p. 233 (1910).

279. **nigra** Kuw. — Formosa
Trioza nigra Kuw., Sapporo Trans. Nat. Hist. Soc. III, 1909—1910, p. 57, pl. II, fig. 13, 14.

280. **nigriceps** Kuw. — Japan (Honshu)
Trioza nigriceps Kuw., Sapporo Trans. Nat. Hist. Soc. III, 1909—1910, p. 60, pl. II, fig. 12.

281. **nigricornis** Först. — Deutschland, Frankreich, Livland, Skandinavien, Finnland, Österreich, Ungarn, Transkaukasien
Trioza nigricornis Först., Verh. naturw. Ver. preuss. Rheinlande 1848, 3, p. 86. — Flor, Rhynch. Livl. 2, 1861, p. 500; Bull. S. N. Moscou 1861, p. 379, 388, 390. — Mey.-Dür, Mitth. Schw. Ent. Ges. 3, 1871, p. 387. — Löw, Wien. ent. Ztg, 1882, p. 214; Verh. zool.-bot. Ges. Wien 1882, p. 244; 1888, p. 24. — Thoms., Opusc. ent. VIII, p. 826. — Reuter, Ent. Tidskr. 2, 1881, p. 62, 165. — Sulc, Sitz.-Ber. Ges. Wiss. Prag XVII, 1910, p. 25, pl. VIII. — Oshanin, Verz. paläarkt. Hem. II, 1907, p. 376.

282. **nigrifrons** Crawf. — Colorado
Trioza nigrifrons Crawford, Pomona Coll. J. Ent. 2, p. 230 (1910).

282a. **obliqua** Thoms. — Schweden
Trioza obliqua Thoms., Opusc. ent. VIII, p. 825. — Reuter, Ent. Tidskr. 2, 1881, p. 166. — Oshanin, Verz. paläarkt. Hem. II, 1907, p. 373.

283. **obsoleta** Buckt. — Bombay
Trioza obsoleta Buckt., Ind. Mus. Notes V, 1900, p. 35, pl. V, fig. 10—15. — Frogg., Ind. Mus. Notes V, 1903, p. 111. — Nicéville, Ind. Mus. Notes V, 1903, p. 110 — *Diospyros melanoxylon.*

284. **oleariae** Frogg. — Australien, Queensland, Tasmanien, Hobart
Trioza oleariae Frogg., Proc. Linn. Soc. N. S. W. 1903, p. 332, pl. IV, fig. 12.

285. **orbiculata** Frogg. — Australien, N. S. W.
Trioza orbiculata Frogg., Proc. Linn. Soc. N. S. W. XXVI, 1901, p. 274, pl. XV, fig. 9; XVI, fig. 22 — *Eucalyptus* sp.

286. **panacis** Mask. — Neuseeland
Trioza panacis Mask., Tr. N. Z. Inst. XXII, 1890, p. 167, pl. XII, fig. 1—2 — Entwicklungsstadien — *Panax* sp., *Pseudopanax ferox (lancewood)* etc.

287. **pellucida** Mask. — Neuseeland
Trioza pellucida Mask., Tr. N. Z. Inst. XXII, 1890, p. 164, pl. XI, fig. 1—16 — Entwicklungsstadien.
= *Powellia vitreoradiata* Mask., Tr. N. Z. Inst. 1878, p. 223 — Nymphe — *Pittosporum, eugenioides, Discaria toumaton, Geniostoma ligustrifolium.*

288. **pinicola** Först. — Deutschland, Österreich
Trioza pinicola Först., Verh. naturw. Ver. preuss. Rheinlande 1848, 3, p. 86 — *Pinus*

sylvestris. — Mey.-Dür, Mitth. Schw. Ent. Ges. 3, 1871, p. 388. — Löw, Verh. zool.-bot. Ges. Wien XXVII, 1877, p. 139, pl. VI, fig. 7. — Oshanin, Verz. paläarkt. Hem. II, 1907, p. 374 — *Pinus sylvestris.*

289. **pomonae** Aulm. — Nordamerika
Trioza pomonae Aulmann, Ent. Rundschau 1912, Heft 22 (nov. nom.).
= *Trioza assimilis* Crawford, Pomona Coll. J. Ent. 2, p. 233 (1910).

290. **proxima** Flor. — Deutschland, Frankreich, Skandinavien, Österreich, Ungarn, Schweiz, Russland, Italien
Trioza proxima Flor, Kat. d. Rhynch. 1861, p. 384, 390, 393, 401 — *Pinus abies.* — Löw, Verh. zool.-bot. Ges. Wien XXIII, 1873, p. 141—143, pl. II, fig. 7—8 — Larve, *Lactuca muralis* Less.; XXVII, 1877, p. 141, 1882, p. 246; XXIX, 1879, p. 595, pl. XV, fig. 30; XXXVIII, 1888, p. 27, No. 110; 1884, p. 151 — *Hieracium pilosella* L., *Hier. pratense* L.; Wien. ent. Ztg. 1882, p. 214. — Sulc, Sitz.-Ber. Böhm. Ges. Wiss. 1911, V, p. 16, pl. XVI. — Puton, Catalogue 1899. — Thoms., Opusc. ent. VIII, p. 287, 1878. — Reuter, Ent. Tidskr. 2, 1881, p. 62, 167 — *Hieracium pilosella, H. pratense, Juniperus*; A. S. sc. Fenn. Hels. 1908. — Houard, Zoocécidies des Plantes d'Europe 1908, p. 1057, No. 6187 — *Hieracium praealtum* Viel.; No. 6192 — *Hier. pratense* Tausch.; p. 1059, No. 6208 — *Hier. pilosella* L. — Schlechtendal, Jahresb. Ver. Natk. Zwickau 1890, p. 111, No. 1266 — *Hier. praealtum* Viel., *Hier. pratense* Tausch. — Dalla Torre, Ber. nat. med. Ver. Innsbruck XX, 1892, p. 132 — *Hier. pratense* Tausch. — Corti, Atti Soc. ital. sci. nat. XLI, 1902, p. 217, No. 133 — *Hier. pilosella* L. — Marchal et Chateau, Mém. Soc. Hist. Nat. XVIII, 1905, p. 264 — *Hier. pilosella* L. — Oshanin, Verz. paläarkt. Hem. II, 1907, p. 380.
= *Trioza juniperi* Mey.-Dür, Mitth. Schw. Ent. Ges. 3, 1871, p. 392.
Hieracium pilosella L., *H. pratense* Tausch., *H. praealtum* Viel., *Lactuca muralis* Less., *Juniperus* sp., *Pinus abies.*

291. ? **punctinervis** Rud. — N. Deutschland
Trioza punctinervis Rud., Progr. Realschule Neustadt-Eberswalde 1874, p. 11. — Oshanin, Verz. paläarkt. Hem. II, 1907, p. 381. — *Acer campestre.*

292. **quadripunctata** Crawf. — Nordamerika
Trioza quadripunctata Crawford, Pomona Coll. J. Ent. 2, p. 232 (1910).

293. **recondita** Flor. — Frankreich, Deutschland, Österreich, Ungarn
Trioza recondita Flor, Kat. d. Rhynch. 1861, p. 382, 391, 400. — Oshanin, Verz. paläarkt. Hem. II, 1907, p. 372.

294. **remota** Först. — Schweden, Deutschland,
Trioza remota Först., Verh. naturw. Ver. preuss. Rheinlande 1848, 3, p. 83. — Mey.-Dür, Mitth.

Schw. Ent. Ges. 3, 1871, p. 389. — Löw, Verh. zool.-bot. Ges. Wien XXVII, 1877, p. 139; 1882, p. 248; XXXIV, 1884, p. 146 — Jugendstadien; XXXVIII, 1888, p. 23, No. 89 — *Quercus robur* L. — Sulc, Sitz.-Ber. Böhm. Ges. Wiss. 1911, V, p. 30, pl. XX. — Löw, Wien. ent. Ztg. 1882, p. 214. — Edw., Hem. Hom. Br. Isl. 1896, p. 257; pl. 28, fig. 8. — Reuter, Ent. Tidskr. 2, 1881, p. 61, 163 — *Quercus robur* L.; Medd. Soc. F. Fl. Fenn. XXIII, p. 35, 1898. — Houard, Zoocécidies des Plantes d'Europe 1908, p. 252, No. 1312 — *Qu. robur* L. — Fockeu, Rev. biol. Nord France, Lille VI, 1894, p. 436 — *Qu. robur* L. — Lanée, Bull. soc. horticult. Alençon 1903, p. 79, No. 549 — *Qu. robur* L. — Scott, Ent. M. Mag. XXII, p. 282 — Nymphe; Trans. Ent. Soc. London 1876, pl. IX, fig. 6. — Oshanin, Verz. paläarkt. Hem. II, 1907, p. 375; III, 1910, p. 195. — Kuw., Sapporo Trans. Nat. Hist. Soc. II, 1907, p. 60. — Reuter, Ann. Soc. Sc. Fenn. 1908. — Dubois, Mém. Soc. Linn. d. N. de France 1. — Carpentier, Soc. Linn. d. N. d. France 1. — Puton, Catalogue 1899.

England, Frankreich, Österreich, Ungarn, Rumänien, Algerien, Livland, Japan (Tokio, Honshu)

= *Trioza cinnabarina* Först., Verh. naturw. Ver. preuss. Rheinlande 1848, 3, p. 85. — Mey.-Dür, Mitth. Schw. Ent. Ges. 3, 1871, p. 389.

= *Trioza haematodes* Först., l. c. p. 85 — *Pinus silvestris*. — Mey.-Dür, l. c. p. 389. — Douglas, Ent. M. Mag. XIII, 1876. — Leth., Cat. Nord 1874, p. 93. — Scott, Trans. Ent. Soc. London 1876, p. 557, pl. IX, fig. 6.

= *Trioza dryobia* Flor, Rhynch. Livl. II, 1861, p. 522; Bull. S. N. Moscou 1861, p. 383, 386, 394. — Thoms., Opusc. Ent. VIII, p. 825 — *Quercus robur L., Qu. pedunculata, Qu. sessiflora; Pinus sylvestris.*

295. **rhamni** Schrk.

Chermes rhamni Schrk., Faun. boic. II, 1801, p. 146 — Larve.

Trioza rhamni Löw, Verh. zool.-bot. Ges. Wien XXVI, 1876, p. 211; pl. I, fig. 17—18 — Larve; 1884, p. 150; 1888, p. 23, XXXVIII, 1888, p. 23, No. 88; Ent. M. Mag. 1877, p. 20. — *Rhamnus catharticus* L. — Löw, Wien. ent. Ztg. 1882, p. 214. — Edw., Hem. Hom. Br. Isl. 1896, p. 255; pl. 27, fig. 10. — Sulc, Sitz.-Ber. Wiss. Prag XVII, 1910, p. 12, pl. IV. — Houard, Zoocécidies des Plantes d'Europe 1908, p. 704, No. 4068 — *Rhamnus catharticus* L. — Witlaczil, Zeitschr. wiss. Zool. XLII, 1885, p. 569, pl. XX, fig. 7, 8, 13; XXI, fig. 17, 19, 22, 26, 34, 42. — Liebel, Ent. Nachr. XV, 1889, p. 304, No. 376 — *Rh. catharticus* L. Fockeu, Rev. biol. Nord France, Lille VI, 1894, p. 436 — *Rh. catharticus* L. — Oshanin, Verz. paläarkt. Hem. II, 1907, p. 375. — Reuter, p. 61 (Biologie.)

Deutschland, Österreich, Frankreich, Schweiz, Skandinavien, Finnland, Ungarn, England

= *Trioza abieticola* Först., Verh. naturw. Ver. preuss. Rheinlande 1848, 3, p. 88. — Reuter,

Medd. F. F. Fenn. I, 1876, p. 71 — *Pinus abietis.* — Löw, Ent. M. Mag. XIV, 1877, p. 20 — Larve. — Flor, Rhynch. Livl. 2, 1861, p. 496; Bull. S. N. Moscou 1861, p. 381, 385, 393. — Mey.-Dür, Mitth. Schw. Ent. Ges. 3, 1871, p. 388. = *Trioza argyrea* Mey.-Dür, Mitth. Schw. Ent. Ges. 3, 1871, p. 387, 390. — *Pinus abietis, Rhamnus catarthicus* L.

296. **rotundata** Flor. — Steiermark

Trioza rotundata Flor, Kat. d. Rhynch. 1861, p. 380, 394, 406. — Oshanin, Verz. paläarkt. Hem. II, 1907, p. 379.

297. **rotundipennis** Crawf. — Californien

Trioza rotundipennis Crawford, Pomona Coll. J. Ent. 2, p. 231 (1910).

298. **rumicis** Löw. — Deutschland, Österreich, Schweiz

Trioza rumicis Löw, Verh. zool.-bot. Ges. Wien XXIX, 1879, p. 557, pl. XV, fig. 8, 9; 1884, p. 151; 1888, p. 27 — Larve; XXXVI, 1886, p. 169 — *R. arifolius* All. — Oshanin, Verz. paläarkt. Hem. II, 1907, p. 379. — Houard, Zoocécidies des Plantes, d'Europe 1908, p. 380, No. 2144, fig. 636—639 — *Rumex arifolius* All.; No. 2145, 2147 — *R. scutatus* L.; p. 1062, No. 6221 — *R. acetosa* L.; Marcellia Padova I, 1902, p. 46—47, figs. 23—26 — *R. scutatus* L. — Sulc, Sitz.-Ber. Böhm. Ges. Wiss. 1911, V, p. 7, pl. VIII. — Löw, Wien. ent. Ztg. 1882, p. 214. — Frauenfeld, Verh. zool.-bot. Ges. Wien 1870, p. 659. — Puton, Catalogue 1899. — Massalongo, Nuovo Giorn. bot. ital. Firenze XIII, 1881, p. 229—234, pl. V — *R. arifolius* All.; Marcellia, Avellino V, 1906, p. 155, No. 66 — *R. scutatus* L. — Hieronymus, Jahresb. Ges. vaterl. Cultur 1890, p. 109, No. 302 — *R. arifolius* All. — Peyritsch, Jahrb. wiss. Bot. Leipzig VIII, 1872, p. 127, pl. IX, fig. 11—14 — *R. scutatus* L.; Wien. Festschrift Feier 25. Best. der Ges. 1876, p. 135—136, pl. III, fig. 45—63 — *R. scutatus.* — Strasburger, Die Angiospermen und die Gymnospermen. Jena 1879, p. 37—43, pl. VII, fig. 1—35 — *R. scutatus* L. — Trotter, Marcellia Avellino VII, 1908, p. 120, No. 14 — *R. acetosa* L.

Rumex scutatus L., *R. arifolius* All., *R. acetosa* L.

299. ? **salicis** L. — Schweden

Chermes salicis L., Faun. Suec. 1761, No. 1012.

Trioza salicis L., Löw, Verh. zool.-bot. Ges. Wien XXXII, 1882, p. 249. — Put., Cat. p. 112. — Oshanin, Verz. paläarkt. Hem. II, 1907, p. 381.

300. **salicis** Mally. — Iowa

Trioza salicis Mally, P. Iowa Ac. II, p. 161.

301. **salicivora** Reut. — Skannavien, Finnland, Grossbritannien, Russland,

Trioza salicivora Reut., Medd. Soc. F. F. Fenn. I, 1876, p. 75. — Scott, Trans. Ent. Soc. London 1876, p. 558, pl. IX, fig. 7. — Reuter, Medd. F. F. Fenn. I, 1876, p. 71, 75; Ent. Tidskr. 2, 1881, p. 164 — *Salix.* — Edw., Hem. Hom.

Br. Isl. 1896, p. 258. — Kuw., Sapporo Trans. Nat. Hist. Soc. II, 1907, p. 59. — Oshanin, Verz. paläarkt. Hem. II, 1907, p. 374 — *Salix*. — Japan (Hokkaido), Abo + Russ. Carelien

302. **sanguinea** Riley.
Trioza sanguinea Riley, Proc. Amer. Assoc. Advance Sci. 32. — Nordamerika

303. **saundersi** Mey.-Dür.
Trioza saundersi Mey.-Dür, Mitth. Schw. Ent. Ges. 3, 1871, p. 387, 390. — Löw, Verh. zool.-bot. Ges. Wien XXXII, 1882, p. 250. — Reuter, Ent. Tidskr. 2, 1881, p. 163. — Oshanin, Verz. paläarkt. Hem. II, 1907, p. 376. — Reuter, p. 62 (Biologie).
= *Trioza acutipennis* Flor (nec Zett.), Rhynch. Livl. II, 1861, p. 516; Bull. S. N. Moscou 1861, p. 382, 390, 391. — Scott, Trans. Ent. Soc. London 1876, p. 556, pl. IX, fig. 3. — Löw, Verh. zool.-bot. Ges. Wien XXVII, 1877, p. 140. — Edw., Hem. Hom. Br. Isl. 1896, p. 259. — England, Frankreich, Schweiz, Deutschland, Ungarn, Schweden, Finnland, Livland, Russland sept.

304. **saxifragae** Löw.
Trioza saxifragae Löw, Verh. zool.-bot. Ges. Wien XXXVIII, 1888, p. 36. — Oshanin, Verz. paläarkt. Hem. II, 1907, p. 380. — Steiermark

305. **schranki** Flor.
Trioza schranki Flor, Kat. d. Rhynch. 1861, p. 383, 389, 392, 403. — Oshanin, Verz. paläarkt. Hem. II, 1907, p. 377. — Österreich, Steiermark

306. **scotti** Löw.
Trioza scotti Löw, Verh. zool.-bot. Ges. Wien XXIX, 1879, p. 554; pl. XV, fig. 6; XXXIV, 1884, p. 145 — Jugendstadien; XXXVIII, 1888, p. 22, No. 84 — *Berb. vulgaris*. — Oshanin, Verz. paläarkt. Hem. II, 1907, p. 373. — Houard, Zoocécidies des Plantes d'Europe 1908, p. 435, No. 2464 — *Berberis vulgaris*. — v. Frauenfeld, Verh. zool.-bot. Ges. Wien XVI, 1866, p. 979 — *Berb. vulgaris*. — Hieronymus, Jahresb. Ges. vaterl. Cultur Breslau 1890, p. 107 — *Berb. vulgaris*. — Hieronymus, Pax, Herbarium cecidiologicum 1908, fasc. XVI, No. 430 — *Berb. vulgaris*. — Lemée, Bull. Soc. horticult. Alençon 1902, p. 33, No. 72 — *Berb. vulgaris*. — Massalongo, Madonna Verona II, 1908, p. 1—2 — *Berb. vulgaris*. — Deutschland, Frankreich, Österreich, Italien

307. **senecionis** Scop.
Chermes senecionis Scop., Ent. carn. 1763, p. 140. — Deutschland, Österreich
Trioza senecionis v. Frauenfeld, Verh. zool.-bot. Ges. Wien XI, 1861, p. 170 — Larve; *Senecio nemorensis* L. — Löw, Verh. zool.-bot. Ges. Wien XXIX, 1879, p. 587, pl. XV, fig. 24, 25 — Larve. — Oshanin, Verz. paläarkt. Hem. II, 1907, p. 378.
= *Trioza sylvicola* Frfld., Verh. zool.-bot. Ges. Wien XI, 1861, p. 170, pl. II, D, fig. 9 — *Senecio nemorensis* L.

308. **silacea** Mey.-Dür.
Trioza silacea Mey.-Dür, Mitth. Schw. Ent. Ges. 3, 1871, p. 389. — Löw, Verh. zool.-bot. Ges. Wien XXXII, 1882, p. 250. — Kuw., Sapporo Trans. Nat. Hist. Soc. II, 1907, p. 58. — Edw., Ent. N. Mag. XLIV, p. 86. — Oshanin, Verz. paläarkt. Hem. II, 1907, p. 373.
= *Trioza munda* Flor (nec Först.), Rhynch. Livl. II, 1861, p. 515; Bull. S. N. Moscou 1861, p. 382, 390, 394.
Deutschland, Österreich, Schweiz, Grossbritannien, Finnland, Livland, Japan (Hokkaido, Honshu).

309. **similis** Crawf.
Trioza similis Crawford, Pomona Coll. J. Ent. 2, p. 231 (1910).
Colorado

310. **? simplex** Hartig.
Psylla simplex Hartig, Germ. Zeitschr. f. d. Ent. III, 1841, p. 374. — Put., Cat. p. 112.
? *Trioza simplex* Löw, Verh. zool.-bot. Ges. Wien XXXII, 1882, p. 250. — Oshanin, Verz. paläarkt. Hem. II, 1907, p. 381.
Deutschland

311. **sonchi** Riley.
Trioza sonchi Riley, Proceed. Amer. Assoc. Advance Sci. 32.

312. **sulcata** Crawf.
Trioza sulcata Crawford, Pomona Coll. J. Ent. 2, p. 233 (1910).
var. *similis* Crawf., l. c. p. 233.
Nordamerika

313. **striola** Flor.
Trioza striola Flor, Rhynch. Livl. II, 1861, p. 508; Bull. S. N. Moscou 1861, p. 383, 389, 390. — Löw, Verh. zool.-bot. Ges. Wien XXIX, 1879, p. 580 — Larve; *Salix caprea* L. — Kuw., Sapporo Trans. Nat. Hist. Soc. II, 1907, p. 62. — Reuter, Ent. Tidskr. 2, 1881, p. 164 — *S. caprea* L. — Thoms., Opusc. ent. VIII, p. 826 — Biologie. Reuter p. 62 — *Salix caprea* L.
Deutschland, Frankreich, Skandinavien, Finnland, Österreich, Ungarn, Japan (Hokkaido)

314. **tasmaniensis** Frogg.
Trioza tasmaniensis Frogg., Proc. Linn. Soc. N. S. W. 1903, p. 329, pl. V, fig. 13.
Australien, Queensland, Tasmanien

315. **thomasi** Löw.
Trioza thomasi Löw, Verh. zool.-bot. Ges. Wien XXXVIII, 1888, p. 28, 37 — Larve; *Homogyne alpina* Cass. — Houard, Zoocécidies des Plantes d'Europe 1908, p. 1006, No. 5845. — *Hom. alpina* Cass. — Dalla Torre, Ver. nat. med. Ver. Innsbruck XX, 1892, p. 134. — *Hom. alpina* Cass. — Oshanin, Verz. paläarkt. Hem. II, 1907, p. 380. — Sulc, Sitz.-Ber. Böhm. Ges. Wiss. 1911, V, p. 14, pl. XV. — Puton, Catalogue 1899 — *Homogyne alpina* Cass.
Tirol

316. **tripunctata** Fitch.
Trioza tripunctata Fitch., Fourth ann. report Cond. of the Cab. Nat. Hist. Albany 1851, p. 64. — Mc Gillavray, Ent. News XIV, 1903, p. 264. — Dalla Torre, Ber. nat. med. Ver. Innsbruck XX, 1892, p. 151 — *Rubus fructicosus* L. — Houard, Zoocécidies des Plantes d'Europe 1908, p. 520, No. 2983 — *R. fructicosus* L. — Löw,
Albany, Adirondack Mountains, N. J., Mitteleuropa

Verh. zool.-bot. Ges. Wien XXVII, 1877, p. 123 — *R. fructicosus* L.; XXXVIII, 1888, p. 21 — *R. fructicosus* L.

= *Psylla rubi* Walsh & Riley, Amer. Entom. I, 1868, p. 225 — *Rubus fructicosus* L.

317. **trisignata** Löw. — Deutschland, Frankreich, Österreich, Tirol, Dalmatien, Italien, Ligurien

Trioza trisignata Löw, Verh. zool.-bot. Ges. Wien XXXVI, 1886, p. 163. — Ferrari, Ann. Mus. Civ. Genova (2) VI, 1888, p. 76 — *Rubus fructicosus* L. — Oshanin, Verz. paläarkt. Hem. II, 1907, p. 371.

= *Trioza tripunctata* Löw (nec Fitch.), op. cit. XXVII, 1877, p. 150, pl. VI, fig. 14a—b — *Rubus fructicosus* L.

318. **tristaniae** Frogg. — Australien, Queensland

Trioza tristaniae Frogg., Proc. Linn. Soc. N. S. W. 1903, p. 334; pl. IV, fig. 13; V, fig. 12.

319. **urticae** L. — Deutschland, Irland, Schweiz, England, Frankreich, Österreich, Ungarn, Rumänien, Italien, Schweden, Lappland, Finnland, Russland, Transkaukasien, Sibirien, Ligurien

Chermes urticae L., Faun. Suec. 1761, No. 1006.
Trioza urticae Först., Verh. naturw. Ver. preuss. Rheinlande 1848, 3, p. 82. — Witlaczil, Zeitschr. wiss. Zool. 42, 1885, p. 569, pl. XXI, fig. 25, 31, 39; XXII, fig. 56, 63, 66. — Flor, Rhynch. Livl. 2, 1861, p. 505; Bull. S. N. Moscou 1861, p. 383, 387, 392. — Mey.-Dür, Mitth. Schw. Ent. Ges. 3, 1871, p. 386. — Thoms., Opusc. ent. VIII, p. 827. — Leth., Cat. Nord 1874, p. 93. — Scott, Trans. Ent. Soc. London 1876, p. 553, pl. IX, fig. 2; Ent. M. Mag. XVII, 1880, p. 278 — Nymphe. — Löw, Verh. zool.-bot. Ges. Wien XXVII, 1877, p. 141; 1884, p. 150; 1882, p. 253; XXXVIII, 1888, p. 23, No. 90 — *Urtica dioica* L. — Edw., Hem. Hom. Br. Isl. 1896, p. 256. — Sulc, Sitz.-Ber. Ges. Wiss. Prag XVII, 1910, p. 1, pl. I. — Reuter, p. 62 (Biol.). — Strand, Ent. Tidskr. 23, 1902, p. 270. — Reuter, Ent. Tidskr. 2, 1881, p. 165 — *Urtica urens* L., *U. dioica* L.; Medd. F. F. Fenn. I, 1876, p. 71. — Oshanin, Verz. paläarkt. Hem. II, 1907, p. 375. — Degeer, Mém. III, 1773, p. 134, pl. IX, fig. 17—26 — Larve; *Urt. dioica* L., *Urt. urens* L.; Abhandl. Gesch. Ins. 1780, III, pl. X, fig. 5—6 — Genitalien. — Ferrari, Ann. Mus. Civ. Genova (2) VI, 1888. — Houard, Zoocécidies des Plantes d'Europe 1908, p. 372, No. 2097; p. 373, No. 2100 — *Urt. dioica* L.; p. 373, No. 2102 — *Urt. membranacea* Poir. — Liebel, Ent. Nachr. XV, 1889, p. 307, No. 403 — *Urt. dioica* L. — Cecconi Marcellia Padova I, 1902, p. 143, No. 80 — *Urt. dioica* L. — Zetterstedt, Fauna ins. Lapp. 1828; Ins. Lapp. descr. 1840. — Löw, Wien. ent. Ztg. 1882. — Carpentier-Dubois, Matériaux p. faune d. Hém. de l'Oise, Auriens 1892. — Marchal et Chateau, Mém. Soc. Hist. nat. XVIII, 1905, p. 313 — *Urt. dioica* L. — Tavares, Brotéria Lisboa II, 1903, p. 186, No. 28; IV, 1905, p. 227, No. 57 — *Urt. membranacea* Poir.

= *Cnidopsylla* Amyot, Ann. Soc. ent. Fr. 1847, p. 459.
= *Psylla eupoda* Hart., Germ. Zeitschr. Ent. III, 1841, p. 374.
= *Trioza eupoda* Först., Verh. naturw. Ver. preuss. Rheinlande 1848, 3, p. 82. — Mey.-Dür, Mitth. Schw. Ent. Ges. 3, 1871, p. 389. — Leth., Cat. Nord 1874, p. 93.
= *Trioza protensa* Först., l. c. p. 82. — Mey.-Dür, l. c. p. 389.
= *Trioza forcipata* Först., l. c. p. 84. — Mey.-Dür, l. c. p. 389.
= *Trioza crassinervis* Först., l. c. p. 83. — Mey.-Dür, l. c. p. 387.
= *Trioza bicolor* Mey.-Dür, l. c. p. 389, 391.
Urtica dioica L., *Urt. urens* L., *Urt. membranacea* L.

320. **vanuae** Kirk. — Fidschi-Inseln
Trioza vanuae Kirk., Proc. Hawaii ent. Soc. I, p. 104.

321. **varians** Crawf. — Colorado
Trioza varians Crawford, Pomona Coll. J. Ent. 2, p. 231 (1910).

322. **velutina** Först. — Deutschland, Frankreich, Irland, England, Italien, Österreich, Ungarn, Serbien, Russland media, Livland, Ligurien
Trioza velutina Först., Verh. naturw. Ver. preuss. Rheinlande 1848, 3, p. 87. — Flor, Rhynch. Livl. 2, 1861, p. 513; Bull. S. N. Moscou 1861, p. 379, 388, 394. — Mey.-Dür, Mitth. Schw. Ent. Ges. 3, 1871, p. 387. — Leth., Cat. Nord 1874, p. 92. — Edw., Ent. M. Mag. 1908, p. 85, fig. 16. — Ferrari, Ann. Mus. Civ. Genova (2) VI, 1888, p. 76 — *Ononis spinosa*. — Oshanin, Verz. paläarkt. Hem. II, 1907, p. 371; III, 1910, p. 195.

var. *thoracica* Flor, Rhynch. Livl. 2, 1861, p. 514. — Oshanin, Verz. paläarkt. Hem. II, 1907, p. 514. — Frankreich merid.

323. **versicolor** Löw. — Ungarn
Trioza versicolor Löw, Verh. zool.-bot. Ges. Wien XXXVIII, 1888, p. 34. — Oshanin, Verz. paläarkt. Hem. II, 1907, p. 374.

324. **viridis** Crawf. — Californien
Trioza viridis Crawford, Pomona Coll. J. Ent. 2, p. 230 (1910).

325. **viridula** Zett. — Deutschland, Frankreich, Schweiz, Lappland, Skandinavien, England, Österreich, Rumänien, Italien, Finnland, Livland, Kaukasus,
Chermes viridula Zett., Faun. Ins. Lapp. 1828, p. 555 (?).
Trioza viridula Zett., Ins. Lapp. 1840, p. 309. — Flor, Rhynch. Livl. 2, 1861, p. 499; Bull. S. N. Moscou 1861, p. 381, 387, 391. — Leth., Cat. Nord 1874, p. 93. — Scott, Trans. Ent. Soc. London 1876, p. 554. — Thoms., Opusc. ent. VIII, p. 827. — Löw, Verh. zool.-bot. Ges. Wien XXXVI, 1886, p. 168; XXXVIII, 1888, p. 26—27, No. 106 — *Anthriscus silvestris* Hoffm.; Wien. ent. Ztg. 1882, p. 214; Verh. zool.-bot. Ges. Wien 1882, p. 254; l. c. 1886,

p. 168. — Edw., Hem. Hom. Br. Isl. 1896, p. 258. — Sulc, Sitz.-Ber. Ges. Wiss. Prag XVII, 1910, p. 31, pl. X. — Reuter, Ent. Tidskr. 2, 1881, p. 165; p. 62; Medd. Soc. F. F. Fenn. I, 1876, p. 71. — Ferrari, Ann. Mus. Civ. Genova (2) VI, 1888, p. 77. — Oshanin, Verz. paläarkt. Hem. II, 1907, p. 379. — Houard, Zoocécidies des Plantes d'Europe 1908, p. 762, No. 4391 — *Anthriscus silvestris* Hoffm.; p. 766, No. 4420 — *Petroselinum sativum* Hoffm.; p. 783, No. 4536 *Daucus carota* L. — Schlechtendal, Jahresber. Ver. Natk. Zwickau 1890, p. 63, No. 612 — *Anthriscus silvestris* Hoffm.; p. 65, No. 643 — *Petroselinum sativum* Hoffm. — Tavares, Brotéria Lisboa IV, 1905, p. 224, No. 48 — *Petroselinum sativum* Hoffm. — Molliard, Trav. Station zool. Wimereux, Paris VII, 1899, p. 500 — *Daucus carota* L. — Marchal et Chateau, Mém. Soc. Hist. nat. Autun XVIII, 1905, p. 255, — *Daucus carota* L. — Kuw., Sapporo Trans. Nat. Hist. Soc. II, 1907, p. 61. — Japan (Honshu), Ligurien

= *Trioza apicalis* Först., Verh. naturw. Ver. preuss. Rheinlande 1848, 3, p. 82. — Mey.-Dür, Mitth. Schw. Ent. Ges. 3, 1871, p. 386 — *Petroselinum sativum* Hoffm., *Cerefolium silvestre* Bess. (= *Anthriscus silvestris* Hoffm.), *Daucus carota* L.

326. **vitiensis** Kirk. — Fidschi-Inseln
Trioza vitiensis Kirk., Proc. Hawaii ent. Soc. I, p. 103.

Gen. Bactericera.

Bactericera Put., Ann. Soc. Ent. (5) VI, 1876, p. 286; Pet. Nouv. ent. II, p. 15. — Löw, Verh. zool.-bot. Ges. Wien XXVIII, 1878, p. 609.

327. **maritima** Horvath. — Frankreich
Bactericera maritima Horvath, Revue d'Ent. fr. XI, 1892, p. 140. — Oshanin, Verz. paläarkt. Hem. II, 1907, p. 370.

328. **perrisi** Put. — Frankreich, Italien, Turkestan, Ungarn
Bactericera perrisi Put., Ann. Soc. ent. Fr. (5) VI, 1876, p. 286; Pet. Nouv. Ent. II, p. 15. — Löw, Verh. zool.-bot. Ges. Wien XXX, 1880, p. 264, pl. VI, fig. 9a—b. — Ferrari, Ann. Mus. Civ. Genova (2) VI, 1888, p. 76 — *Prunus mahaleb*. — Oshanin, Verz. paläarkt. Hem. II, 1907, p. 370 — *Prunus mahaleb*.

329. **rossica** Horvath. — Kazan
Bactericera rossica Horvath, Zichy Ergebn. II, p. 274. — Oshanin, Verz. paläarkt. Hem. II, 1907, p. 370.

330. **ulei** Rübsaamen. — Brasilien
Bactericera ulei Rübs., Marcellia Avellino VII, p. 20.

Gen. Trichochermes.

Trichochermes Kirk., Entomologist 1904, p. 280.
Subg. *Trichopsylla (Trioza)* Thoms., Opusc. ent. VIII, p. 823. — Edw., Hem. Hom. Br. Isl. 1896, p. 252, pl. II, fig. 32.

331. **bicolor** Kuw. — Japan (Honshu, Kiushu)
Trichochermes bicolor Kuw., Sapporo Trans. Nat. Hist. Soc. III, 1909—1910, p. 54, fig. 2, 8.

332. **hyalina** Kuw. — Formosa
Trichochermes hyalina Kuw., Sapporo Trans. Nat. Hist. Soc. III, 1909—1910, p. 55, pl. II, fig. 9.

333. **walkeri** Först. — Grossbritannien, Skandinavien, Finnland, Deutschland, Ungarn, Österreich, Frankreich, Russland, Livland
Trioza walkeri Först., Verh. naturw. Ver. preuss. Rheinlande 1848, 3, p. 88 — *Prunus spinosa*. — Flor, Rhynch. Livl. 2, 1861, p. 494; Bull. S. N. Moscou 1861, p. 377, 384. — Mey.-Dür, Mitth. Schw. Ent. Ges. 3, 1871, p. 387. — Scott, Trans. Ent. Soc. London 1876, p. 552, pl. IX, fig. 1. — Löw, Verh. zool.-bot. Ges. Wien XXVI, 1876, p. 209—210; pl. I, fig. 15, 16 — Larve. — v. Frauenfeld, Verh. zool.-bot. Ges. XI, 1861, p. 169; pl. II D., fig. 7 — Larve — *Rhamnus frangula* L.
Trichopsylla walkeri Thoms., Opusc. ent. VIII, p. 824 (subg. v. *Trioza*). — Edw., Hem. Hom. Br. Isl. 1896, p. 252, pl. VII, fig. 8. — Rübsaamen, Ent. Nachr. 25, 1899, p. 246, No. 51. — Reuter, Ent. Tidskr. 2, 1881, p. 162 — *Rhamnus catharticus* L. — Löw, Verh. zool.-bot. Ges. Wien XXXVIII, 1888, p. 21, No. 73 — *Rhamnus catharticus* L. — Ross, Die Gallenbildungen der Pflanzen 1904, p. 25 — *Rh. catharticus*. — Houard, Zoocécidies des Plantes d'Europe 1908, p. 705, No. 4077 — *Rhamnus frangula* L.; p. 704, No. 4069. — *Rh. cathartica* L., No. 4073. — *Rh. erythroxylon* — Hieronymus, Pax, Herbarium cecidiologium fasc. I, No. 33—33a — *Rh. catharticus* L. — Kieffer, Feuille jeunes natural. Paris XXII, 1891, p. 44, No. 59, fig. 7 — *Rh. catharticus* L. — Massalongo, Verona, Mem. Acad. agric. (3) LXIX, 1893, No. 6, pl. IV, fig. 1 — *Rh. catharticus* L. — Trotter & Cecconi, Cecidotheca italica 1904, fasc. XII, No. 277 — *Rh. catharticus* L. — Hieronymus, Jahresb. Ges. vaterl. Cultur, Breslau 1890, p. 109 — *Rh. erythroxylon*.
= *Trioza rhamni* Frfld., Verh. zool.-bot. Ges. Wien 3, 1861, p. 169.
Rhamnus frangula L., *Rh. catharticus* L., *Rh. erythroxylon* L., *Prunus spinosa*.

Gen. Ceropsylla.

Ceropsylla Riley, Proc. Biol. Soc. Wash. II, 1883, p. 76.

334. **sideroxyli** Ril., l. c. p. 76. — Florida
Ceropsylla sideroxyli Ril., Proceed. Amer. Assoc. Advance Sci. 32.

Gen. **Rhinopsylla.**

Rhinopsylla Riley, Proc. Biol. Soc. Wash. II, 1883, p. 77.

335. **schwarzii** Ril. — Florida
Rhinopsylla schwarzii Ril., l. c. p. 78; Proc. Amer. Assoc. Advance Sci. 32.

Gen. **Hevaheva.**

Hevaheva Kirk., Fauna Hawaiiensis III, p. 113, pl. IV, fig. 1.

336. **monticola** Kirk. — Hawaii
Hevaheva monticola Kirk., Proc. Hawaii Ent. Soc. I, p. 205.

337. **perkinsi** Kirk. — Oahu, Konahuanua
Hevaheva perkinsi Kirk., Fauna Hawaiiensis III, p. 113, pl. IV, fig. 1.

338. **silvestris** Kirk. — Hawaii
Hevaheva silvestris Kirk., Proc. Hawaii Ent. Soc. I, p. 206.

Gen. **Petalolyma.**

Petalolyma Scott, Trans. Ent. Soc. London 1882, p. 459.

339. **basalis** Walk. — N. Indien
Psylla basalis Walk., List. Hom., B. M. Suppl. p. 275.
Petalolyma basalis Scott, l. c. p. 459, pl. XIX, fig. 2a—f.

Gen. **Neolithus.**

Neolithus Scott, Trans. Ent. Soc. London 1882, p. 445.

340. **fasciatus** Scott. — Buenos Aires, Uruguay
Neolithus fasciatus Scott, l. c. p. 446, pl. XVIII, fig. 2a—f. — Ihering, Revista do Museu Paulista II, 1897, p. 396 — *Sapinum aucuparium*, Zweiggallen.

Gen. **Stenopsylla.**

Stenopsylla Kuw., Sapporo Trans. Nat. Hist. Soc. III, 1909—1910, p. 53.

341. **nigricornis** Kuw. — Japan (Honshu), Formosa
Stenopsylla nigricornis Kuw., l. c. p. 54, pl. II, fig. 3, 10.

Gen. **Epitrioza.**

Epitrioza Kuw., Sapporo Trans. Nat. Hist. Soc. III, 1909—1910, p. 55.

342. **mizuhonica** Kuw. — Japan (Hokkaido, Honshu)
Epitrioza mizuhonica Kuw., Sapporo Trans. Nat. Hist. Soc. III, 1909—1910, p. 56, pl. II, fig. 4, 11.

Gen. **Neotrioza.**

Neotrioza Kieff., Ann. Soc. scient. Bruxelles XXIX, 1904—1905, p. 33, pl. II, fig. 2, 9, 12, 14—16.

343. **machili** Kieff. — Bengal
Neotrioza machili Kieff., Ann. Soc. scient. Bruxelles XXIX, 1904—05, p. 34, pl. II, fig. 2, 9, 12, 14—16 — *Machilus Gamblei.*

Gen. **Ozotrioza.**

Ozotrioza Kieff., Ann. Soc. scient. Bruxelles XXIX, 1904—1905, p. 36, fig. 13, 14.

344. **laurinearum** Kieff. — Bengal
Ozotrioza laurinearum Kieff., l. c. p. 39 — *Beilschmiedia sikkimensis.*

345. **styracearum** Kieff. — Bengal
Ozotrioza styracearum Kieff., l. c. p. 37, fig. 13, 14 — *Styracea.*

Gen. **Cecidotrioza.**

Cecidotrioza Kieff., Marcellia Avellino VII, p. 159.

346. **baccarum** Kieff. — Bengal
Cecidotrioza baccarum Kieff., l. c. p. 159, pl. IV, fig. 12—14.

347. **mendocina** Kieff. — Argentinien
Cecidotrioza mendocina Kieffer, Centralbl. Bakt. Abt. 2, 27, p. 372 (1910).

Subf. **Aphalarinae.**

Subf. *Aphalarinae* Löw, Verh. zool.-bot. Ges. Wien XXVIII, 1878, p. 605. 606. — Kuw., Sapporo Trans. Nat. Hist. Soc. II, 1907, p. 151,
Div. *Aphalararia* Put., Cat. 1886, p. 90. — Oshanin, Ann. Mus. Zool. XII, Beil. II, p. 339.
Fam. *Aphalaridae* Edw., Hem. Hom. Br. Isl. 1896, p. 228.

Gen. **Aphalara.**

Aphalara Först., Verh. naturw. Ver. preuss. Rheinlande 1848, 3, p. 67. — Flor, Rhynch. Livl. II, 1861, p. 530; Bull. S. N. Moscou 1861, p. 337. — Mey.-Dür. Mitth. Schw. Ent. Ges. 3, 1871. — Scott, Trans. Ent. Soc. London 1876, p. 559. — Löw, Verh. zool.-bot. Ges. Wien XXVIII, 1878, p. 607; XXXII, 1882, p. 3. — Edw., Hem. Hom. Br. Isl. 1896, p. 229, pl. II, fig. 27. — Oshanin, Verz. paläarkt. Hem. II, 1907, p. 343.

348. **abeillei** Löw. — Frankreich merid.
Aphalara abeillei Löw, Revue d'ent. franç. VI, 1887, p. 278. — Oshanin, Verz. paläarkt. Hem. II, 1907, p. 344.

349. **affinis** Zett. — Skandinavien, Finnland,
Chermes affinis Zett., Ins. Lapp. 1828, p. 554; 1840, p. 308.

Aphalara affinis Flor, Rhynch. Livl. II, 1861, p. 536. — Scott, Ent. M. Mag. XIII, p. 67. — Thoms., Opusc. ent. VIII, p. 840. — Reuter, Ent. Tidskr. 2, 1881, p. 149; Medd. Soc. F. F. Fenn. I, 1876, p. 73. — Oshanin, Verz. paläarkt. Hem. II, 1907, p. 346. — Karpathen, Livland, Lappland, Russland media

350. **alaskensis** Ashm. — Alaska
Aphalara alascensis Ashm., Alaska VIII, p. 136.

351. **aliena** Löw. — Algerien, Ägypten
Aphalara aliena Löw, Verh. zool.-bot. Ges. Wien XXXI, 1881, p. 255, pl. XV, fig. 1, 2; XXXII, 1882, pl. XI, fig. 9. — Oshanin, Verz. paläarkt. Hem. II, 1907, p. 344.

352. **artemisiae** Först. — Frankreich, Österreich, Ungarn, Deutschland, Schweden, Russland, Turkestan, Sibirien, England, Japan, Finnland, Livland
Aphalara artemisiae Först., Verh. naturw. Ver. preuss. Rheinlande 1848, 3, p. 96. — Flor, Rhynch. Livl. II, 1861, p. 537. — Mey.-Dür, Mitth. Schw. Ent. Ges. 3, 1871, p. 402. — Thoms. Opusc. ent. VIII, p. 841. — Scott, Ent. M. Mag. XIII, p. 67, 282; 1908, p. 86; XIX, p. 14 — *Artemisia campestris* L., *Art. absinthium* L. — Löw, Verh. zool.-bot. Ges. Wien XXX, 1880, p. 257; XXXII, 1882, pl. XI, fig. 12. — Reuter, Medd. F. F. Fenn. I, 1876, p. 73 — *Art. absinthium* L.; Ent. Tidskr. 2, 1881, p. 152 — *Art. absinthium* L., *A. campestris* L. — Edw., Ent. M. Mag. XLIV, p. 86. — Kuw., Sapporo Trans. Nat. Hist. Soc. II, 1907, p. 154. — Oshanin, Verz. paläarkt. Hem. II, 1907, p. 344; III, 1910, p. 187.
= *Psylla malachitica* Dahlb., K. Vet. Akad. Handl. 1850, I, p. 177.
Artemisia absinthium L., *Art. campestris* L.

353. **calthae** L. — Finnland, Deutschland, Irland, Livland, England, Österreich (Steiermark), Japan, Schweden, Frankreich, Belgien, Ungarn, Rumänien, Russland, Sibirien, Amer. sept.
Chermes calthae L., Fauna suec. 1761, No. 1005.
Aphalara calthae Flor, Rhynch. Livl. II, 1861 p. 534. — Mey.-Dür, Mitth. Schw. Ent. Ges. 3, 1871, p. 402. — Douglas, Ent. M. Mag. XV. — Thoms., Opusc. ent. VIII, p. 840. — Leth., Cat. Nord. 1874, p. 95. — Scott, Trans. Ent. Soc. London 1876, p. 561, pl. IX, fig. 11; Ent. M. Mag. XIX, 1882, p. 14 — *Caltha palustris* L., *Rumex acetosella* L., *Polygonum hydropiper* L. — Reuter, Ent. Tidskr. 2, 1881, p. 149 — *Polygonum hydropiper*, *Pol. aviculare*, *Caltha*, *Rumex acetosella* L.; Medd. Soc. F. F. Fenn. I, 1876, p. 72 — *Pinus abietis*. — Kuw., Sapporo Trans. Nat. Hist. Soc. II, 1907, p. 154. — Oshanin, Verz. paläarkt. Hem. II, 1907, p. 346; III, 1910, p. 188. — Houard, Zoocécidies des Plantes d'Europe 1908, p. 379, No. 1342 — *Rumex acetosella* L.; p. 384, No. 2146 — *R. scutatus*; p. 421, No. 2365 — *Caltha palustris* L. — Dalla Torre, Genera Insectorum 1902 — *Rum. acetosella* L.; Ber. nat. med. Ver. Innsbruck XX, 1892, p. 151a. — *Rum. scutatus* L.; p. 111 — *Caltha palustris* L. — Edw., Hem. Hom. Br. Isl. 1896, p. 232. — Bezzi, Atti Acad. sci. lett.

ar., Rovereto (3) V, p. 30, 1899 — *Rumex scutatus* L., *R. acetosella* L.; p. 16 — *Caltha palustris* L. — Löw, Verh. zool.-bot. Ges. Wien XXXII, 1882, pl. IX, fig. 13; XXXVI, 1886, p. 149; XXXVIII, 1888, p. 13 — *Caltha palustris* L.
= *Aphalara polygoni* Först., Verh. naturw. Ver. preuss. Rheinlande 1848, 3, p. 90 — *Polygonum, Rumex acetosella.* — Douglas, Ent. M. Mag. XV, 1879, p. 255 — *Polyg. hydropiper, Rum. acetosella.*
= *Aphalara ulicis* Först., l. c. p. 96 — *Ulex* sp. — Mey.-Dür. Mitth. Schw. Ent. Ges. 3, 1871, p. 402. — Scott, Trans. Ent. Soc. London 1876, pl. IX, fig. 11.
Caltha palustris L., *Rumex acetosella* L., *R. scutatus* L., *Polygonum hydropiper* L., *Pinus abietis, Ulex* sp.
var. *maculipennis* Löw, Verh. zool.-bot. Ges. Wien XXXVI, 1886, p. 150, pl. VI, fig. 1. — Niederösterreich, Südtirol

354. **carinata** Frogg. — Australien, Sydney
Aphalara carinata Frogg., Proc. Linn. Soc. N. S. W. XXV, 1900, p. 279, pl. XII, fig. 7; XIV, fig. 16 — *Eucalyptus capitellata.*

355. **conspersa** Löw. — Südungarn
Aphalara conspersa Löw, Verh. zool.-bot. Ges. Wien XXXVIII, 1888, p. 31. — Oshanin, Verz. paläarkt. Hem. II, 1907, p. 345.

356. **dahli** Rübsaamen. — Bismarck-Archipel
Aphalara dahli Rübs., Marcellia Avellino IV, p. 23.

357. **exilis** Web.-Mohr. — England, Frankreich, Italien, Deutschland, Österreich (Steiermark), Schweden, Finnland, Russland, Irland, Regio nearctica (Iowa)
Tettigonia exilis Web.-Mohr, Naturk. Reise d. e. Teil Schwedens p. 65, pl. I, fig. 2.
Aphalara exilis Först., Verh. naturw. Ver. preuss. Rheinlande 1848, 3, p. 89 — *Rumex acetosella.* — Flor, Rhynch. Livl. II, 1861, p. 532. — Mey.-Dür, Mitth. Schw. Ent. Ges. 3, 1871, p. 402. — Thoms., Opusc. ent. VIII, p. 840. — Leth., Cat. Nord 1874, p. 94. — Reuter, Ent. Tidskr. 2, 1881, p. 149 — *Rumex acetosella* L. — Scott, Trans. Ent. Soc. London 1876, p. 560, pl. IX, fig. 10; Ent. M. Mag. XIX, p. 14 — *Rum. acetosella* L. — Edw., Hem. Hom. Br. Isl. 1896, p. 231, pl. 26, fig. 4. — Ferrari, Ann. Mus. Civ. Genova (2) VI, p. 75. — Douglas, Ent. M. Mag. XV, 1879, p. 255. — Oshanin, Verz. paläarkt. Hem. II, 1907, p. 347. — Strand, Ent. Tidskr. XXIII, 1902, p. 270.
= *Chermes exilis* Fall., Hem. Sv. II, p. 80.
= *Psylla rumicis* Boh., Vet. Akad. Handl. 1850, p. 177. — Mally, Proc. Iowa Ac. II, p. 166. — Reuter, Medd. F. F. Fenn. I, 1876, p. 72 — *Pinus abietis.*
Rumex acetosella L., *Pinus abietis.*

358. **fasciata** Kuw. — Japan (Hokkaido, Honshu)
Aphalara fasciata Kuw., Sapporo Trans. Nat. Hist. Soc. II, 1907, p. 153, fig. 3, 9a—b. — Oshanin, Verz. paläarkt. Hem. III, 1910, p. 188.

359. **flava** Kuw. — Japan (Hokkaido, Honshu)
Aphalara flava Kuw., Sapporo Trans. Nat. Hist. Soc. II, 1907, p. 154, fig. 4, 10a—b. — Oshanin, Verz. paläarkt. Hem. III, 1910, p. 188.

360. **flavilabris** Frogg. — Australien, N. S. W.
Aphalara flavilabris Frogg., Proc. Linn. Soc. N. S. W. 1903, p. 318, pl. IV, fig. 3.

361. **fuscipennis** Frogg. — Australien, N. S. W.
Aphalara fuscipennis Frogg., Proc. Linn. Soc. N. S. W. XXVI, 1901, p. 291, pl. XIV, fig. 10 — *Eucalyptus robusta.*

362. **gracilis** Frogg. — Australien, N. S. W.
Aphalara gracilis Frogg., Proc. Linn. Soc. N. S. W. XXVI, p. 267, pl. XIV, fig. 11; XVI, fig. 9; 1903, p. 316 — *Eucalyptus capitellata.*

363. **ilecis** Ashm. — Florida
Psylla ilecis Ashm., Canad. Ent. XIII, 1881, p. 225 — Entwicklungsstadien — *Aphalara ilecis.*

364. **innoxia** Först. — Deutschland, Österreich, Ungarn, Turkestan, Sibirien
Aphalara innoxia Först., Verh. naturw. Ver. preuss. Rheinlande 1848, 3, p. 90. — Mey.-Dür, Mitth. Schw. Ent. Ges. 3, 1871, p. 402. — Löw, Verh. zool.-bot. Ges. Wien XXXII, 1882, p. 240. — Horváth, Ann. Mus. Hung. II, 1904, p. 579. — Oshanin, Verz. paläarkt. Hem. II, 1907, p. 347.

365. **jakowleffi** Scott. — Russland merid., Astrachan
Aphalara jakowleffi Scott, Ent. M. Mag. XV, 1879, p. 266.

366. **kincaidi** Ashm. — Alaska
Aphalara kincaidi Ashm., Alaska VIII, p. 136.

367. **kochiae** Horv. — Ungarn
Aphalara kochiae Horv., Termesz. Fuzetek XX, 1897, p. 639. — Oshanin, Verz. paläarkt. Hem. II, 1907, p. 343.

368. **leptospermi** Frogg. — Australien, Victoria
Aphalara leptospermi Frogg., Proc. Linn. Soc. N. S. W. XXVIII, 1903, p. 320, pl. IV, fig. 9.

369. **lichenoides** Put. — Algerien
Aphalara lichenoides Put., Revue d'Ent. franç. XVII, 1898, p. 175.

370. **lurida** Scott. — Kaukasus
Aphalara lurida Scott, Ent. M. Mag. XVI, 1879, p. 278. — Oshanin, Verz. paläarkt. Hem. II, 1907, p. 344.

371. **maculosa** Löw. — Turkestan, Deutschland
Aphalara maculosa Löw, Verh. zool.-bot. Ges. Wien XXX, 1880, p. 256, pl. VI, fig. 4a—b. — Houard, Zoocécidies des Plantes d'Europe 1908, p. 382, No. 2158 — *Polygonum amphibium* L. — Kieffer, Ent. Nachr. XXI, 1895, p. 175 — *Pol. amphibium* L.; Berlin. Ent. Zts. XLII, p. 22—23. — Oshanin, Verz. paläarkt. Hem. II, 1907, p. 345 — *Polygonum amphibium* L.

372. **multipunctata** Kuw. — Japan (Hokkaido)
Aphalara multipunctata Kuw., Sapporo Trans. Nat. Hist. Soc. II, 1907, p. 152, pl. II, fig. 2. — Oshanin, Verz. paläarkt. Hem. III, 1910, p. 188.

373. **nebulosa** Zett.
Chermes nebulosa Zett., Faun. Ins. Lapp. I, 1828, p. 551; 1840, p. 307.
Aphalara nebulosa Reuter, Medd. Soc. F. Fl. Fenn. I, 1876, p. 73, 77. — Löw, Verh. zool.-bot. Ges. Wien XXIX, 1879, p. 566; XXXII, 1882, p. 283; XXXVIII, 1888, p. 12, No. 13 — *Epilobium angustifolium* L. — Edw., Hem. Hom. Br. Isl. 1896, p. 231, pl. 26, fig. 3. — Reuter, Ent. Tidskr. 2, 1881, p. 152 — *Epil. angustifolium.* — Houard, Zoocécidies des Plantes d'Europe 1908, p. 755, No. 4349 — *Epil. angustifolium* L.; p. 756, No. 4352 — *Epil. gessneri* Amm. — Lagerheim, Mitth. Bad. bot. Ver. 1903, p. 341 — *Epil. angustifolium* L. — Scott, Ent. M. Mag. XVIII, 1881, p. 275; XIX, 1882, p. 14, 42, 43 — Eier; *Epilobium angustifolium* L. — Kuw., Sapporo Trans. Nat. Hist. Soc. II, 1907, p. 153. — Schlechtendal, Jahresber. Ver. Naturk. Zwickau 1890, p. 69, No. 701 — *Epil. gessneri* Amm. — Oshanin, Verz. paläarkt. Hem. II, 1907, p. 345; III, 1910, p. 188.
= *Aphalara graminis* Thoms., Opusc. ent. VIII, p. 841.
= *Aphalara radiata* Scott, Trans. Ent. Soc London 1876, p. 562, pl. IX, fig. 12.
Epilobium angustifolium L., *Epil. gessneri* Amm.

England, Frankreich, Deutschland, Österreich, Ungarn, Schweden, Lappland, Russland media, Finnland, Japan (Hokkaido, Honshu)

374. **nervosa** Först.
Aphalara nervosa Först., Verh. naturw. Ver. preuss. Rheinlande 1848, 3, p. 90. — Flor, Rhynch. Livl. II, 1861, p. 538. — Mey.-Dür, Mitth. Schw. Ent. Ges. 3, 1871, p. 402. — Leth., Cat. Nord 1874, p. 94. — Edw., Hem. Hom. Br. Isl. 1896, p. 232, pl. 26, fig. 5. — Scott, Ent. M. Mag. XVIII, 1881, p. 18; XIX, 1882, p. 14, 20, 21 — Larve, Nymphe; *Achillea millefolium* L. — Reuter, Ent. Tidskr. 2, 1881, p. 150 — *Achillea millefolium* L.; Medd. Soc. F. Fl. Fenn. I, 1876, p. 73. — Houard, Zoocécidies des Plantes d'Europe 1908, p. 982, No. 5689 — *Achillea millefolium* L. — Löw, Verh. zool.-bot. Ges. Wien XXXVIII, 1888, p. 12 — *Achillea millefolium* L. — Dalla Torre, Ber. nat. med. Ver. Innsbruck XX, 1892, p. 103 — *Ach. millefolium* L. — Oshanin, Verz. paläarkt. Hem. II, 1907, p. 345.
= *Aphalara subfasciata* Först., Verh. naturw. Ver. preuss. Rheinlande 1848, 3, p. 90. — Mey.-Dür, Mitth. Schw. Ent. Ges. 3, 1871, p. 402.
= ? *Aphalara crassinervis* Rud., Progr. Realschule Neustadt Eberswalde 1875, p. 13 — *Eupatorium cannabinum.*
Achillea millefolium L., *Eupatorium cannabinum* (?).

England, Frankreich, Deutschland, Österreich, Ungarn, Finnland, Russland media, Transkaukasien, Sibirien, Livland, Skandinavien, Italien, Belgien

375. **obscura** Frogg.
Aphalara obscura Frogg., Proc. Linn. Soc. N. S. W. 1903, p. 319, pl. IV, fig. 4.

Australien, N. S. W., Sidney

376. **picta** Zett.
Chermes picta Zett., Ins. Lapp. 1828, p. 553; 1840, p. 308.

England, Frankreich, Schweiz,

Aphalara picta Flor, Rhynch. Livl. II, 1861, p. 539. — Scott, Trans. Ent. Soc. London 1876, p. 563, pl. IX, fig. 9; Ent. M. Mag. XIX, p. 14 — *Chrysanthemum leucanthemum* L. — Edw., Hem. Hom. Br. Isl. 1896, p. 230, pl. XXX, fig. 10. — Löw, Verh. zool.-bot. Ges. Wien XXVI, 1876, pl. II, fig. 36—40; XXVII, 1877, p. 124; XXIX, 1879, p. 562, pl. XV, fig. 14, 15 — *Leontodon hastilis* L.; XXXII, 1882, pl. XI, fig. 4; XXXVIII, 1888, p. 13 — *Hypochaeris radiata* L. — Charpentier, Mém. Soc. Nord France XI, p. 11—24, pl. 1 — Anormale Nervatur. — Blümml, Ill. Zeitschr. f. Entom. IV, 1899, p. 305, fig. 17—21 — Genitalien. — Reuter, Ent. Tidskr. 2, 1881, p. 151 — *Chrys. leucanthemum* L.; Medd. Soc. F. Fl. Fenn. I, 1876 — *Chrys. leucanthemum* L. — Houard, Zoocécidies des Plantes d'Europe 1908, p. 1035, No. 6041 — *Hypochaeris radiata* L. — Dalla Torre, Ber. nat. med. Ver. Innsbruck XX, 1892, p. 134 — *Hyp. radiata* L. — Oshanin, Verz. paläarkt. Hem. II, 1907, p. 347. — Österreich, Ungarn, Deutschland, Schweden, Lappland, Finnland, Russland, Sibirien, Irland

= *Aphalara flavipennis* Först., Verh. naturw. Ver. preuss. Rheinlande 1848, 3, p. 89. — Mey.-Dür, Mitth. Schw. Ent. Ges. 3, 1871, p. 402. — Leth., Cat. Nord 1874, p. 95. — Löw, Verh. zool.-bot. Ges. Wien XXIII, 1873, p. 141—143, pl. II c, fig. 7, 8.

= *Aphalara sonchi* Först., l. c. p. 96 — ? *Sonchus* sp. — Mey.-Dür, l. c. p. 402.

= *Aphalara alpigena* Mey.-Dür, l. c. p. 402.

= *Aphalara nervosa* Thoms., Opusc. ent. VII, p. 840.

Chrysanthemum leucanthemum L., *Leontodon hastilis* L., *Hypochaeris radiata* L., ? *Sonchus* sp.

377. **pilosa** Oshan. — England, Russland merid., Transcaucasien

Aphalara pilosa Oshan., Bull. Soc. Nat. Moscou I, 1870, p. 135. — Löw, Verh. zool.-bot. Ges. Wien XXXII, 1882, pl. IX, fig. 11. — Edw., Ent. M. Mag. 1908, XIX, p. 86. — Oshanin, Verz. paläarkt. Hem. II, 1907, p. 344.

= *Aphalara artemisiae* Edw., Hem. Hom. Br. Isl. 1896, p. 232.

378. ? **purpurescens** Hartig. — Deutschland

Psylla purpurescens Hartig, Germ. Zeitschr. f. d. Entom. III, 1841, p. 375.

? *Aphalara purpurescens* Löw, Verh. zool.-bot. Ges. Wien XXXII, 1882, p. 247. — Oshanin, Verz. paläarkt. Hem. II, 1907, p. 347.

379. **schwarzi** Ashm. — Alaska

Aphalara schwarzi Ashm., Alaska VIII, p. 135.

380. **signata** Löw. — Russland merid., Turkestan

Aphalara signata Löw, Verh. zool.-bot. Ges. Wien XXX, 1880, p. 254, pl. VI, fig. 3a—b; XXXII, 1882, pl. XI, fig. 8. — Oshanin, Verz. paläarkt. Hem. II, 1908, p. 343.

381. **suaedae** Schwarz. — Mesilla Valley

Aphalara suaedae Schwarz.-Cockerell, American Naturalist XXXIV, 1900, p. 290.

382. **subpunctata** Först. — Deutschland, Frankreich, Ungarn, Sibirien
Aphalara subpunctata Först., Verh. naturw. Ver. preuss. Rheinlande 1848, 3, p. 91. — Mey-Dür, Mitth. Schw. Ent. Ges. 3, 1871, p. 402. — Oshanin, Verz. paläarkt. Hem. II, 1907, p. 346.
= *Aphalara pallida* Leth., Cat. Nord 1874, p. 95.

383. **tamaricis** Put. — Frankreich merid., Pyrenäen, Spanien
Rhinocola tamaricis Put., Pet. Nouv. ent. I, p. 165; Ann. Soc. ent. Fr. 1871, p. 436.
Aphalara tamaricis Löw, Verh. zool-bot. Ges. Wien XXXII, 1882, p. 252, pl. XI, fig. 20. — Oshanin, Verz. paläarkt. Hem. II, 1907, p. 344.
= *Psylla nebulosa* Mink (nec Zett.), Stettin. Ent. Zeitg. 1859, p. 430 — *Tamarix*.

384. **tecta** Maskell. — Australien, Viktoria
Aphalara tecta Maskell, Tr. Soc. S. Austr. XXII, p. 6, pl. II, fig. 5—10.

Gen. **Euphyllura**.

Euphyllura Först., Verh. naturw. Ver. preuss. Rheinlande 1848, 3, p. 93. — Flor, Bull. S. N. Moscou 1861, p. 337, 416. Mey.-Dür, Mitth. Schw. Ent. Ges. 3, 1871, p. 380. — Löw, Verh. zool.-bot. Ges. Wien XXVIII, 1878, p. 607. — Oshanin, Verz. paläarkt. Hem. II, 1907, p. 340. — Schwarz, Proc. Ent. Soc. Wash. VI, 1904, p. 234.

385. **arbuti** Schwarz. — Californien, Sta. Cruz
Euphyllura arbuti Schwarz, Proc. Ent. Soc. Wash. VI, 1904, p. 237, fig. 7.

386. **arctostaphili** Schwarz. — Californien, Florida
Euphyllura arctostaphili Schwarz, l. c. p. 235, fig. 6.
var. *niveipennis* Schwarz, l. c. p. 236, fig. 6. — Californien, Los Angelos

387. **lugubrina** Put. — Algerien
Euphyllura lugubrina Put., Revue d'Ent. franç. XVII, 1898, p. 174.

388. **magna** Kuw. — Japan (Kiushu)
Euphyllura magna Kuw., Sapporo Trans. Nat. Hist. Soc. II, 1907, p. 151, pl. II, fig. 1, 8.

389. **olivina** O. G. Costa. — Spanien, Frankreich merid., Italien, Dalmatien, Ligurien
Thrips olivinus O. G. Costa, Monogr. degl' insetti ospitanti sull' olivo e nelle olive, 2. ed., Napoli 1839, p. 23—25, pl. I, fig. A, b, c, x — Larve.
Euphyllura olivina Löw, Verh. zool.-bot. Ges. Wien XXXII, 1882, p. 245. — Costa, Degl' insetti che attacano l'olivo etc. 1857, p. 35—42, pl. II B, fig. 3—4 — Larve auf *Olea europaea* L. — Oshanin, Verz. paläarkt. Hem. II, 1907, p. 390.
= *Psylla olea* Boy. d. Fonsc., Ann. Soc. Ent. franç. 1840, p. 101, 111.
Ephyllura oleae Först., Verh. naturw. Ver. preuss. Rheinlande 1848, 3, p. 93. — Flor, Bull. S. N. Moscou 1861, p. 418, 420 — *Olea europaea* L. — Mey.-Dür, Mitth. Schw Ent. Ges. 3, 1861, p. 403. — Ferrari, Ann. Mus. Civ. Genova (2) VI, 1888, p. 75 — *Olea europaea* L.

390. phillyrae Först. — Südfrankreich, Dalmatien, Herzegowina
Euphyllura phillyrae Först., Verh. naturw. Ver. preuss. Rheinlande 1848, 3, p. 93. — Flor, Bull. S. N. Moscou 1861, p. 418 — *Phillyrea latifolea.* — Mey.-Dür, Mitth. Schw. Ent. Ges. 3, 1871, p. 403. — Oshanin, Verz. paläarkt. Hem. II, 1907, p. 340 — *Phillyrea latifolia.*

Gen. **Rhinocola.**

Rhinocola Först., Verh. naturw. Ver. preuss. Rheinlande 1848, 3, p. 67. — Flor, Rhynch. Livl. II, 1861, p. 524; Bull. S. N. Moscou 1861, p. 337. — Mey.-Dür, Mitth. Schw. Ent. Ges. 3, 1871, p. 380. — Scott, Trans. Ent. Soc. London 1876, p. 564. — Löw, Verh. zool.-bot. Ges. Wien XXVIII, 1878, p. 607; XXXII, 1882, p. 3. Edw., Hem. Hom. Br. Isl. 1896, p. 228, pl. XXII, fig. 26. — Oshanin, Verz. paläarkt. Hem. II, 1907, p. 340.

391. aceris L. — England, Schweiz, Österreich, Ungarn, Deutschland, Finnland, Livland, Russland media, Schweden
Chermes aceris L., Faun. Suec. sp. 1014; Fabr. Sp. Ins. 2, p. 392, n. 16; mant. ins. 2, p. 318, No. 16.
Rhinocola aceris Först., Verh. naturw. Ver. preuss. Rheinlande 1848, 3, p. 91 — *Acer campestris.* — Flor, Rhynch. Livl. II, 1861, p. 528; Bull. S. N. Moscou 1861, p. 410. — Mey.-Dür, Mitth. Schw. Ent. Ges. 3, 1871, p. 405. — Douglas, Ent. M. Mag. XV, 1879, p. 255 — *Acer campestris.* — Thoms., Opusc. ent. VIII, p. 841. — Scott, Trans. Ent. Soc. London 1876, p. 565, pl. IX, fig. 13; Ent. M. Mag. XIX, 1882, p. 14 — *Acer campestre* L., *Ac. pseudoplatanus* L., *Ac. platanoides* L. — Douglas, Ent. M. Mag. XV, 1879, p. 255. — Löw, Verh. zool.-bot. Ges. Wien XXIX, 1879, p. 559 — Biologie; XXXII, 1882, pl. XI, fig. 5. — Edw., Hem. Hom. Br. Isl. 1896, p. 226, pl. XXVI, fig. 2. — Reuter, Ent. Tidskr. 2, 1881, p. 148 — *Ac. campestre* L., *Quercus robur, Ulmus montana*; Medd. Soc. F. Fl. Fenn. I, 1876, p. 72 — *Quercus robur, Ulmus montanus.* — Oshanin, Verz. paläarkt. Hem. II, 1907, p. 341.
= *Psylla abietis* Hartig, Germ. Zeitschr. Ent. III, 1841, p. 375.
Acer campestre L., *Ac. platanoides* L., *Ac. pseudoplatanus* L., *Quercus robur, Ulmus montana.*

392. assimilis Frogg. — Australien, N. S. W.
Rhinocola assimilis Frogg., Proc. Linn. Soc. N. S. W. XXV, p. 269, pl. XI, fig. 13 — *Eucalyptus viminalis.*

393. bicolor Scott. — Russland, Astrachan, Frankreich merid., Ungarn, Turkestan
Aphalara bicolor Scott, Ent. M. Mag. XVI, 1880, p. 251.
Rhinocola bicolor Löw, Verh. zool.-bot. Ges. Wien XXXII, 1882, pl. XI, fig. 4. — Horvath, Ann. Mus. Hung. II, 1904, p. 579. — Oshanin, Verz. paläarkt. Hem. II, 1907, p. 341.

394. **corniculata** Frogg. *Rhinocola corniculata* Frogg., Proc. Linn. Soc. N. S. W. XXV, 1900, p. 270, pl. XI, fig. 11; XIV, fig. 13 — *Eucalyptus gracilis.*	Australien, N. S. W., Bendigo, Viktoria
395. **ericae** Curt. *Psylla ericae* Curt., Br. Ent. XII, tab. 565. *Rhinocola ericae* Först., Verh. naturw. Ver. preuss. Rheinlande 1848, 3, p. 91 — *Erica vulgaris.* — Flor, Rhynch. Livl. II, 1861, p. 527; Bull. S. N. Moscou 1861, p. 410. — Mey.-Dür, Mitth. Schw. Ent. Ges. 3, 1871, p. 405. — Scott, Trans. Ent. Soc. London 1876, p. 564; Ent. M. Mag. XIX, 1882, p. 14 — *Calluna vulgaris* Salisb. — Thoms., Opusc. ent. VIII, p. 841. — Löw, Verh. zool.-bot. Ges. Wien XXIX, 1879, p. 560, pl. XV, fig. 10, 11; XXXII, 1882, pl. XI, fig. 1 — Larve; *Call. vulgaris* Salisb. — Edw., Hem. Hom. Br. Isl. 1896, p. 229. — Reuter, Ent. Tidskr. 2, 1881, p. 148 — *Calluna*; Medd. Soc. F. Fl. Fenn. I, 1876, p. 72 — *Call. vulgaris* Salisb. — Oshanin, Verz. paläarkt. Hem. II, 1907, p. 342. = *Chermes callunae* Boh., K. Vet. Akad. Handl. 1849, p. 266—267. *Calluna vulgaris* Salisb., *Erica vulgaris.*	Österreich, Ungarn, Deutschland, Schweden, Finnland, Livland, England, Irland, Frankreich
396. **eucalypti** Mask. *Rhinocola eucalypti* Mask., Tr. N. Z. Inst. XXII, 1890, p. 160, pl. X, fig. 3—16 — Entwicklungsstadien — *Eucalyptus globulus.*	Neuseeland
397. **fedschenkoi** Löw. *Rhinocola fedschenkoi* Löw, Verh. zool.-bot. Ges. Wien XXX, 1880, p. 252, pl. VI, fig. 1a—b; XXXII, 1882, pl. XI, fig. 7.	Turkestan
398. **fuchsiae** Mask. *Rhinocola fuchsiae* Mask., Tr. N. Z. Inst. XXII, 1890, p. 162, pl. XII, fig. 13—25 — Nymphe — *Fuchsia excorticata.*	Neuseeland
399. **halimocnemis** Beck. *Psyllodes halimocnemis* Beck., Bull. Soc. Imp. Nat. Moscou XXXVII, 1864, p. 485. *Aphalara halimocnemis* Leth., Ann. Soc. Ent. Fr. 1876, p. 55. *Rhinocola halimocnemis* Löw, Verh. zool.-bot. Ges. Wien XXXII, 1882, p. 240, pl. XI, fig. 6.	Russland merid., Sarepta
400. **liturata** Frogg. *Rhinocola liturata* Frogg., Proc. Linn. Soc. N. S. W. XXV, 1900, p. 274, pl. XII, fig. 4, 9; XIV, fig. 10 — *Eucalyptus liturata.*	Australien, N. S. W., Sydney
401. **löwii** Put. *Rhinocola löwii* Put., Revue d'Ent. franç. VI, 1887, p. 311.	Algerien, Biskra
402. **marmorata** Frogg. *Rhinocola marmorata* Frogg., Proc. Linn. Soc. N. S. W. XXV, 1900, p. 277, pl. XV, fig. 3 — *Leptospermum.*	Australien, N. S. W.
403. **multicolor** Frogg. *Rhinocola multicolor* Frogg., Proc. Linn. Soc. N. S. W. 1903, p. 317, pl. IV, fig. 2; V, fig. 14.	Australien, N. S. W., Viktoria

404. nigripennis Frogg. — Australien, Viktoria
Rhinocola nigripennis Frogg., Proc. Linn. Soc. N. S. W. 1903, p. 316, pl. IV, fig. 1.

405. ostreata Frogg. — Australien, Viktoria, Bendigo
Rhinocola ostreata Frogg., Proc. Linn. Soc. N. S. W. XXV, 1900, p. 272, pl. XI, fig. 14; XIV, fig. 20 — *Eucalyptus gracilis.*

406. pinnaeformis Frogg. — Australien, N. S. W.
Rhinocola pinnaeformis Frogg., Proc. Linn. Soc. N. S. W. XXV, 1900, p. 273, pl. XI, fig. 8; XIV, fig. 12 — *Eucalyptus* sp.

407. revoluta Frogg. — Australien, Viktoria, Bendigo
Rhinocola revoluta Frogg., Proc. Linn. Soc. N. S. W. XXV, 1900, p. 267, pl. XI, fig. 12; XII, fig. 8; XIV, fig. 19, 19a — *Eucalyptus* sp.

408. salsolae Leth. — Algerien, Biskra
Aphalara salsolae Leth., Pet. nouv. ent. 1874, p. 449; Ann. Soc. Ent. Fr. 1876, p. 54.

Rhinocola salsolae Löw, Verh. zool.-bot. Ges. Wien XXXII, 1882, p. 249. — Oshanin, Verz. paläarkt. Hem. II, 1907, p. 341.

409. speciosa Flor. — Livland, Frankreich, Spanien, Italien, Österreich, Ungarn, Kaukasus, Turkestan, Grossbritannien, Ligurien
Rhinocola speciosa Flor, Rhynch. Livl. II, 1861, p. 526; Bull. S. N. Moscou 1861, p. 410. — Scott, Ent. M. Mag. XIII, 1876, p. 66; XIX, 1881, p. 14 — *Populus nigra* L. — Löw, Verh. zool.-bot. Ges. Wien XXXI, 1881, p. 157, 165 — Biologie, Larve auf *Populus nigra* L., *P. pyramidalis* Roz.; XXXII, 1881, pl. XI, fig. 3; XXXVIII, 1888, p. 12, No. 9 — *Pop. alba* L., *Pop. nigra* L., *Pop. pyramidalis* Roz. — Lichtenstein, Ann. Soc. Ent. Fr. (5) I, Bull. p. LXXIX; Pet. Nouv. ent. p. 165. — Ferrari, Ann. Mus. Civ. Genova (2) VI, 1888, p. 75. — Darboux & Houard, Bull. Sci. France Belge XXXIV, 1901, p. 262, 266 — *Populus* spsp. — Witlaczil, Zeitschr. wiss. Zool. 42, 1885, p. 569, pl. XX, fig. 1. — Kieffer, Ann. Soc. Ent. Fr. 1901, LXX, p. 392 — *Populus.* — Oshanin, Verz. paläarkt. Hem. II, 1907, p. 343. — Houard, Zoocécidies des Plantes d'Europe 1908, p. 118, No. 484 — *Populus alba* L.; p. 129, No. 542 — *Pop. nigra* L.; p. 130, No. 555 — *Pop. pyramidalis* Roz. — Schlechtendal, Jahresber. Ver. Natk. Zwickau 1890, p. 35, No. 284 — *Pop. alba* L. — Rostrup, Kjoebenhavn, Nathist. Medd. 1896, p. 10, No. 44 — *Pop. alba* L. — Massalongo, Giorn. bot. ital. Firenze (2) VI, A. 3, I, 1899, p. 144—145, No. 68 — *Pop. nigra* L. — Trotter & Cecconi, Cecidotheca italica 1907, fasc. XVII, No. 422 — *Pop. nigra* L. — Marchal et Chateau, Mém. Soc. Hist. nat. Autun. XVIII, 1905, p. 281 — *Pop. pyramidalis* Roz.

Populus nigra L., *Pop. pyramidalis* Roz., *Pop. alba* L.

410. **subrubescens** Flor.
Rhinocola subrubescens Flor, Kat. d. Rhynch. 1861, p. 410, 411. — Oshanin, Verz. paläarkt. Hem. II, 1907, p. 343.
Frankreich merid., Iatlien, Illyrien, Kroatien

411. **succincta** Heeger.
Psylla succincta Heeg., Sitz.-Ber. Akad. Wiss. Wien XVIII, 1855, p. 43, pl. 4 — Larve, *Ruta graveolens* L.
Rhinocola succincta Löw, Verh. zool.-bot. Ges. Wien XXXI, 1881, p. 157, 160 — Biologie, Larve; XXXII, 1882, pl. XI, fig. 2. — Douglas. Ent. M. Mag. XV, 1878, p. 68, 69 — Biologie, *Ruta graveolens*. — Oshanin, Verz. paläarkt. Hem. II, 1907, p. 342. — ? Schilling, Die Schädlinge des Gemüsebaus 1898 — *Ruta graveolens*.
Deutschland, Österreich
var. *cisti* Put., Revue d'Ent. franç. I, 1882, p. 183. — Oshanin, Verz. paläarkt. Hem. II, 1907, p. 342.
Frankreich merid., Hyères

412. **targionii** Licht.
Aphalara targionii Licht., Ann. Soc. Ent. Franç. 1874, Bull. p. CCXXVIII.
Rhinocola targionii Löw, Verh. zool.-bot. Ges. Wien XXIX, 1879, p. 561, pl. XV, fig. 12, 13; XXXVIII, 1888, p. 12, No. 8 — *Pistacia lentiscus* L. — Lichtenstein, Ann. Soc. Ent. Fr. (5) IV, 1874, Bull. p. CCXXVIII — Larve auf *Pistacia lentiscus* L. — Oshanin, Verz. paläarkt. Hem. II, 1907, p. 342. — Darboux et Houard, Bull. Sci. France Belge XXXIV, 1901, p. 251. — Houard, Zoocécidies des Plantes d'Europe 1908, p. 673, No. 3915 — *Pistacia lentiscus* L.
Deutschland, Holland, Frankreich merid., Spanien, Algerien

413. **turkestanica** Löw.
Rhinocola turkestanica Löw, Verh. zool.-bot. Ges. Wien XXX, 1880, p. 253, pl. VI, fig. 2a—b.
Turkestan

414. **unicolor** Scott.
Aphalara unicolor Scott, Ent. M. Mag. XVI, 1879, p. 251.
Rhinocola unicolor Löw, Verh. zool.-bot. Ges. Wien XXXII, 1882, p. 253.
Russland, merid., Sarepta

415. **viridis** Frogg.
Rhinocola viridis Frogg., Proc. Linn. Soc. N. S. W. XXV, 1900, p. 276, pl. XI, fig. 9; XIV, fig. 17 — *Eucalyptus robusta*.
Australien, N. S. W.

Gen. **Psyllopsis.**

Psyllopsis Löw, Verh. zool.-bot. Ges. Wien XXVIII, 1878, p. 587, 606, pl. IX, fig. 1—5. — Edw., Hem. Hom. Br. Isl. 1896, p. 233, pl. II, fig. 28.

416. **discrepans** Flor.
Psylla discrepans Flor, Bull. soc. imp. d. Nat. Moscou 1861, p. 340, 347, 353, 376.
Psyllopsis discrepans Löw, Verh. zool.-bot. Ges. Wien XXVIII, 1878, p. 590, pl. IX, fig. 3. — Reuter, Ent. Tidskr. 2, 1881, p. 153 — *Fraxinus excelsior*. — Oshanin, Verz. paläarkt. Hem. II, 1907, p. 349.
Frankreich, Skandinavien, Finnland, Ungarn, Herzegowina

= *Chermes sorbi* Thoms., Opusc. ent. VIII, 1877, p. 829 (pro parte) — *Fraxinus excelsior.*

417. **fraxini** L.

Chermes fraxini L., Faun. Suec. 1761, No. 1013. — Geoffr., Hist. abr. ins. I, 1800, p. 486.

Psylla fraxini Först., Verh. naturw. Ver. preuss. Rheinlande 1848, 3, p. 80. — Flor, Rhynch. Livl. II, 1861, p. 481; Bull. S. N. Moscou 1861, p. 340, 347, 353. — Mey.-Dür, Mitth. Schw. Ent. Ges. 3, 1871, p. 395. — Leth., Cat. Nord 1874, p. 89. — Scott, Trans. Ent. Soc. London 1876, p. 545. — v. Frauenfeldt, Verh. zool.-bot. Ges. Wien XIV, 1864, p. 690 — Larve, Nymphe, *Fraxinus excelsior* L. — Reuter, Medd. Soc. F. Fl. Fenn. I, 1876, p. 71.

Psyllopsis fraxini Löw, Verh. zool.-bot. Ges. Wien XXVIII, 1878, p. 589, pl. IX, fig. 1—2; XXXVIII, 1888, p. 14, No. 22 — *Frax. ornus* L. — Edw., Hem. Hom. Br. Isl. 1896, p. 234, pl. XXVI, fig. 6. — Kessler, Ber. Ver. Kassel XXXIX, p. 26—28 — Metamorphose. — Rübsaamen, Ent. Nachr. 25, 1899, p. 242, No. 38 — *Frax. excelsior* L.; Zool. Jahrb. XVI, 1902, p. 266 — *Frax. oxyphylla* M. B., Blatteinrollung. — Darboux et Houard, Bull. Sci. France Belge XXXIV, 1901, p. 156, 157, 158. — Gadeau de Kerville, Causeries scient. Soc. Zool. France 1901, p. 289—290 — *Fraxinus excelsior* L. — Kieffer, Ann. Soc. Ent. Fr. LXX, 1901, p. 322. — Reuter, Ent. Tidskr. 2, 1881, p. 153 — *Frax. excelsior* L. — Trotter, Nuovo Giornale bot. ital. Firenze (2) X, 1903, p. 26, No. 46. — Houard, Zoocécidies des Plantes d'Europe 1908, p. 804, No. 4632 — *Frax. ornus* L.; p. 806, No. 4641 — *Frax. excelsior* L.; p. 808, No. 4650 — *Frax. heterophylla* Vahl.; No. 4655 — *Frax. angustifolia* Vahl. — Hieronymus, Pax, Herbarium cecidiologicum fasc. VI, No. 182 — *Frax. excelsior* L.; Jahresber. Ges. vaterl. Cultur Breslau 1890, p. 72, No. 102 — *Frax. heterophylla* Vahl. — Trotter et Cecconi, Cecidotheca italica 1901, fasc. III, No. 65 — *Frax. excelsior* L.; Marcellia, Avellino II, 1903, p. 11, No. 23 — *Frax. heterophylla* Vahl. — Lagerheim, Arch. Bot. Upsala IV, 1905, p. 21 — *Frax. excelsior* L. — Grevillius & Nissen, Köln, Arb. Rhein. Bauern-Vereins 1906, fasc. I, No. 15 — *Frax. excelsior* L. — Gatta, Bol. Soc. esp. hist. nat. Madrid I, 1901, p. 402 — *Frax. angustifolia* Vahl. — Tavares, Brotéria, Lisboa IV, 1905, p. 23 — *Frax. angustifolia* Vahl. — Fockeu, Rev. biol. Nord France Lille VI, 1894, p. 219 — *Frax. ornus* L. — Oshanin, Verz. paläarkt. Hem. II, 1907, p. 348.

= *Chermes fraxini* Thoms. (nec L.), Opusc. ent. VIII, 1877, p. 829.

= *Chermes sorbi* Thoms. (pro parte), l. c. p. 829.

Fraxinus excelsior L., *Frax. ornus* L., *Frax. oxyphylla* M. B., *Frax. heterophylla* Vahl., *Frax. angustifolia* Vahl.

England, Frankreich, Schweiz, Österreich, Ungarn, Deutschland, Schweden, Finnland, Livland, Russland, Portugal, Montenegro, Syrien, Palästina, Italien

418. **fraxinicola** Först. — England, Frankreich, Deutschland, Österreich, Ungarn, Herzegowina, Spanien, Finnland, Russland media, Turkestan, Amer. sept. (Regio nearctica), Schweden, Belgien

Psylla fraxinicola Först., Verh. naturw. Ver. preuss. Rheinlande 1848, 3, p. 73. — Mey-Dür, Mitth. Schw. Ent. Ges. 3, 1871, p. 398, 399. — Leth., Cat. Nord 1874, p. 89. — Scott, Trans. Ent. Soc. London 1876, p. 544, pl. VIII, fig. 4. — Löw, Verh. zool.-bot. Ges. Wien XXVI, 1876, pl. II, fig. 41—44; XXVII, 1877, p. 138 — Larve, *Frax. excelsior* L. — Reuter, Medd. F. Fl. Fenn. I, 1876, p. 71 — *Frax. excelsior* L.

Psyllopsis fraxinicola Löw, Verh. zool.-bot. Ges. Wien XXVIII, 1878, p. 588; pl. IV, fig. 4—5. — Edw. Hem. Hom. Br. Isl. 1896, p. 234. — Oshanin, Verz. paläarkt. Hem. II, 1907, p. 348. — Schouteden, Ann. Soc. Ent. Belg. XLV, 1901, p. 270. — Reuter, Ent. Tidskr. 2, 1881, p. 153 — *Frax. excelsior* L. — Witlaczil, Zeitschr. wiss. Zool. 42, 1885, p. 569, pl. XX, fig. 1—6, 11—12; XXI, fig. 15, 23, 29, 33, 37, 38, 40, 41, 43—46; XXII, fig. 58, 59, 60, 62, 65. — Scott, Ent. M. Mag. XXII, 1885, p. 281 — Nymphe.

= *Chermes fraxinicola* Thoms., Opusc. ent. VIII, 1877, p. 829.

= *Psylla viridula* Först., Verh. naturw. Ver. preuss. Rheinlande 1848, 3, p. 74. — *Corylus* sp. — Mey.-Dür, Mitth. Schw. Ent. Ges. 3, 1871, p. 339.

= *Psylla unicolor* Flor, Rhynch. Livl. II, 1861, p. 479; Bull. S. N. Moscou 1861, p. 340, 347, 353.

Psylla chlorogenes Mey.-Dür, Mitth. Schw. Ent. Ges. 3, 1871. p. 399.

Fraxinus excelsior L., *Corylus* sp.

419. **meliphila** Löw. — Kärnthen, Croatien

Psyllopsis meliphila Löw, Verh. zool.-bot. Ges. Wien XXXI, 1881, p. 257, pl. XV, fig. 3, 4. — Oshanin, Verz. paläarkt. Hem. II, 1907, p. 348.

Gen. **Cardiaspis.**

Cardiaspis Schwarz, Proc. Ent. Soc. Wash. IV, p. 72. — Froggatt, Proc. Linn. Soc. N. S. W. XXV, 1900, pl. XI, fig. 10; XII, fig. 9; XIV, fig. 14.

420. **artifex** Schwarz. — S. Australien

Cardiaspis artifex Schwarz, Proc. Ent. Soc. Wash. IV, 1898, p. 72.

421. **fabricator** Frogg. — Centr.-Australien

Cardiaspis fabricator Frogg., Agric. Gaz. N. S. W. XII, 1901, p. 1203—1212.

422. **plicatuloides** Frogg. — Australien, Melbourne

Cardiaspis plicatuloides Frogg., Proc. Linn. Soc. N. S. W. XXV, 1900, p. 284, pl. XI, fig. 7; XII, fig. 18; XIV, fig. 9.

423. **rubra** Frogg. — Tasmanien, Hobart

Cardiaspis rubra Frogg., Proc. Linn. Soc. N. S. W. 1903, p. 322, pl. V, fig. 1, 3.

424. **textrix** Frogg. — Australien, N. S. W.
Cardiaspis textrix Frogg., Proc. Linn. Soc. N. S. W. XXVI, 1901, p. 296, pl. XV, fig. 6; XVI, fig. 19.

Gen. Phytolyma.

Phytolyma Scott, Trans. Ent. Soc. London 1882, p. 453.

425. **lata** Walk. — Sierra Leone, D. O. Afrika, Amani
Psylla lata Walk., List. Hom., B. M. pl. IV, p. 294.
Phytolyma lata Scott, Trans. Ent. Soc. London 1882, p. 453, pl. XVIII, fig. 4. — Vosseler, Zeitschr. wiss. Ins. Biol. 1906, p. 276—285, 305—316, fig. 1—20 — Biologie. — Melichar, Wien. Ent. Ztg. XXIV, 1905, p. 304 — *Trema guineensis.*
Trema guineensis, Chlorophora excelsa (Welw.) Beuth. et Hook. — Gallen an Wurzeln und Stockausschlägen.

Gen. Thea.

Thea Scott, Trans. Ent. Soc. London 1882, p. 450.

426. **formicosa** Frogg. — Australien, N S. W.
Thea formicosa Frogg., Proc. Linn. Soc. N. S. W. XXV, 1900, p. 295, pl. XI, fig. 4 — *Eucalyptus piperita.*

427. **leai** Frogg. — Australien, N. S. W.
Thea leai Frogg., Proc. Linn. Soc. N. S. W. XXV, 1900, p. 298, pl. XI, fig. 6; XII, fig. 20 — *Eucalyptus formicosa.*

428. **olivacea** Frogg. — Australien, N. S. W.
Thea olivacea Frogg., Proc. Linn. Soc. N. S. W. XXVI, 1900, p. 294, pl. XV, fig. 3; XVI, fig. 4 — *Eucalyptus capitellata.*

429. **opaca** Frogg. — Australien, N. S. W.
Thea opaca Frogg., Proc. Linn. Soc. N. S. W. XXV, 1900, p. 297, pl. XI, fig. 5,; XII, fig. 14; XIII, fig. 1—4 — *Eucalyptus* sp.

430. **trigutta** Walk. — Patria?
Psylla trigutta Walk., Ins. Saund. Hom. p. 111.
Thea trigutta Scott, Trans. Ent. Soc. London 1882, pl. XVIII, fig. 3.

431. **wellingtoniae** Frogg.
Thea wellingtoniae Frogg., Proc. Linn. Soc. N. S. W. 1903, p. 325, pl. IV, fig. 5; V, fig. 7. 8.

Gen. Euphalerus.

Euphalerus Schwarz, Proc. Ent. Soc. Wash. VI, 1904, p. 238.

432. **nidifex** Schwarz. — Insel Kay West, Fla., Cayamas, Cuba
Euphalerus nidifex Schwarz, Proc. Ent. Soc. Wash. VI, 1904, p. 154, 239.

Gen. **Tenaphalara.**

Tenaphalara Kuw., Sapporo Trans. Nat. Hist. Soc. II, 1907, p. 155.

433. **acutipennis** Kuw. — Formosa
Tenaphalara acutipennis Kuw., Sapporo Trans. Nat. Hist. Soc. II, 1907, p. 156, fig. 5, 11a—b.

Gen. **Dasypsylla.**

Dasypsylla Frogg., Proc. Linn. Soc. N. S. W. XXV, 1900, p. 292, pl. XII, fig. 5, 11; XIV, fig. 21.

434. **brunnea** Frogg. — Australien
Dasypsylla brunnea Frogg., Proc. Linn. Soc. N. S. W. XXV, 1900, p. 292, pl. XII, fig. 5, 11; XIV, fig. 21 — *Eucalyptus polyanthema.*

Gen. **Cometopsylla.**

Cometopsylla Frogg., Proc. Linn. Soc. N. S. W. XXV, 1900, p. 286, pl. XII, fig. 6, 21; XIV, fig. 18.

435. **rufa** Frogg. — Australien, N. S. W.
Cometopsylla rufa Frogg., Proc. Linn. Soc. N. S. W. XXV, 1900, p. 286, pl. XII, fig. 6, 21; XIV, fig. 18 — Larve, Nymphe.
Eucalyptus melliodora, Euc. hemiphloia, Euc. sp.

Gen. **Phyllolyma.**

Phyllolyma Scott, Trans. Ent. Soc. London 1882, p. 456, pl. XVIII, fig. 5—5e.

436. **fracticosta** Walk. — Tasmanien
Psylla fracticosta Walk., List. Hom. B. M. Suppl. p. 275.
Psyllolyma fracticosta Scott, Trans. Ent. Soc. London 1882, p. 457, pl. XVIII, fig. 5—5e.

Gen. **Callistochermes.**

Callistochermes Kirk., Canad. Ent. 1905, p. 291, fig. 14.

437. **rubrovariegata** Kirk. — Australien, Queensland
Callistochermes rubrovariegata Kirk., Canad. Ent. 1905, p. 291, fig. 14.

Subf. **Liviinae.**

Subf. *Liviinae* Löw, Verh. zool.-bot. Ges. Wien XXVIII, 1878, p. 605, 606.
Subf. *Liviaria* Put., Catal. 1886, p. 90. — Oshanin, Verz. paläarkt. Hem. II, 1907, p. 338.
Fam. *Liviidae* Edw., Hem. Hom. Br. Isl. 1896, p. 227.
Subf. *Livillinae* Scott, Trans. ent. Soc. London 1882, p. 462.

Gen. **Livia.**

Livia Latr., Hist. nat. Ins. XII, 1804, p. 374.; Genera Crust. et Ins. III, 1807, p. 170. — Flor, Rhynch. Livl. II, 1861, p. 540; Bull. S. N. Moscou 1861, p. 337. — Mey.-Dür, Mitth. Schw. Ent. Ges. 3, 1871, p. 380. — Scott, Trans. Ent. Soc. London 1876, p. 565. — Löw, Verh. zool.-bot. Ges. Wien XXVIII, 1878, p. 606. — Edw., Hem. Hom. Br. Isl. 1896, p. 227, pl. II, fig. 25.
= *Diraphia* Waga, Ann. Soc. Ent. Fr. XI, 1842, p. 275, pl. II, fig. 11, 12. — Illig., Mag. II, 1802, p. 284.

438. **bifasciata** Provanch. — Canada
Livia bifasciata Provanch., Faune Can. Hem. p. 307.

439. **crefeldensis** Mink. — Deutschland, Frankreich, Livland, Kaukasus
Livia crefeldensis Mink, Stettin. Ent. Zeit. 1855, p. 371; 1859, p. 430. — Horvath, Revue d'Ent. franç. 1898, p. 281. — Oshanin, Verz. paläarkt. Hem. II, 1907, p. 339.

440. **femoralis** Fitch. — Albany
Livia femoralis Fitch., Fourth annual report condit. State Cab. Albany 1851.

441. **jesoensis** (Mats.) Kuw. — Japan (Hokkaido, Honshu)
Livia jesoensis Kuw., Sapporo Trans. Nat. Hist. Soc. II, 1907, p. 150, pl. III, fig. 6, 7a—b.

442. **juncorum** Latr. — Spanien, Italien, Frankreich, England, Deutschland, Österreich, Ungarn, Rumänien, Schweden, Lappland, Russland sept. et media, Turkestan, Portugal, Gotland, Norwegen
Psylla juncorum Latr., Bull. Soc. Philom. I, 1798, No. 15, p. 113.
Livia juncorum Latr., Gen. Insect. III, p. 170, pl. XII, fig. 1; Hist. nat. des Fourmis etc. 1802, p. 321—325 — Larve. — Germar, Faun. Eur. 6, p. 21. — Först., Verh. naturw. Ver. preuss. Rheinlande 1848, 3, p. 91. — Flor, Rhynch. Livl. II, 1861, p. 542. — Mey.-Dür, Mitth. Schw. Ent. Ges. 3, 1871, p. 404. — Thoms., Opusc. ent. VIII, p. 841. — Scott, Trans. Ent. Soc. London 1876, p. 565. — Löw, Verh. zool.-bot. Ges. Wien XXXI, 1881, p. 157 — Biologie, *Juncus lamprocarpus* Ehrh.; XXXVIII, 1888, p. 10, No. 1 — *Juncus alpinus* Vill., *J. fuscoater* Schreb., *Juncus conglomeratus* L., *J. effusus* L. — Edw., Hem. Hom. Br. Isl. 1896, p. 227, pl. XXVI, fig. 1. — Oshanin, Verz. paläarkt. Hem. II, 1907, p. 339. — Puton, Ann. Soc. Ent. Fr. (5) I, p. 438 — *Coniferae*. — Scott, Ent. M. Mag. XIX, 1882, p. 13 — *Juncus glomeratus* L.; Trans. Ent. Soc. London 1876, p. 565—566 — *Junc. conglomeratus* L. — Strand, Ent. Tidskr. 23, 1902, p. 270. — Zett., Ins. Lapp. I, p. 306. — Reuter, Ent. Tidskr. 2, 1881, p. 147 — *Junc. conglomeratus* L.; Medd. Soc. F. Fl. Fenn. I, 1876, p. 73. — Ferrari, Ann. Mus. Civ. (2) VI, p. 74. — Darboux et Houard, Bull. Sci. France Belge XXXIV, 1901, p. 198. — Kieffer, Ann. Soc. Ent. Fr. 1901, p. 345. — Rübsaamen, Schrift. Naturf. Ges. Danzig N. F. X, 2/3, 1901, p. 79—148, fig. 6—16; p. 119, fig. 12—13; p. 120—121, 147 — *Junc. lamprocarpus* Ehrh.

— Tavares, Annals naturaes VIII, 1900 — *Juncus lamprocarpus* Ehrh.; Brotéria Lisboa, IV, 1905, p. 31; pl. VIII, fig. 14 — *Junc. lamprocarpus* Ehrh., *Junc. supinus* Mönch. (*J. uliginosus* Meyer). — Houard, Zoocécidies des Plantes d'Europe 1908, p. 99, 100, No. 396, 407 — *Junc. alpinus* Vill., *Junc. fusco-ater* Schreb.; No. 397 — *Junc. articulatus* L.; No. 398 — *Junc. atricapillus*; No. 399 — *Junc. conglomeratus* L.; No. 400 — *Junc. effusus* L.; No. 401 — *Junc. fuscatus* Schreb.; No. 402 — *Junc. glaucus* Ehrh.; No. 403 — *Junc. lamprocarpus* Ehrh.; No. 404 — *Junc. obtusiflorus* Ehrh.; No. 405 — *Junc. silvaticus* Reichard; No. 406 — *Junc. supinus* Mönch. (*J. uliginosus* Meyer); No. 407. — *Junc. gerardi* Lois. — Hieronymus, Jahresber. Ges. vaterl. Cultur Breslau 1890, p. 107—108, No. 294 — *Junc. alpinus* Vill. (*J. fusco-ater* Schreb.); No. 296 — *Junc. silvaticus* Reichard; No. 297 — *Junc. supinus* Mönch.; — Hieronymus, Pax. Herbarium cecidiologicum fasc. VI, No. 188 — *Junc. lamprocarpus* Ehrh.; fasc. V, No. 157 — *Junc. supinus* Mönch. — Dalla Torre, Ber. nat. med. Ver. Innsbruck XX, 1892, p. 134; 1895, XXII, p. 145 — *Junc. alpinus* Vill.; 1892, p. 134 — *Junc. glaucus* Ehrh. — Lagerheim, Arch. bot. Upsala IV, 1905, p. 21 — *Junc. alpinus* Vill.; p. 22, 26 — *Junc. gerardi* Lois.; Mitth. Bad. bot. Ver. Freiburg 1903, p. 341 — *Junc. supinus* Mönch. — Schlechtendal, Jahresber. Ver. Natk, Zwickau 1895, p. 4 — *Junc. articulatus* L.; 1890, p. 5, No. 12 — *Junc. conglomeratus* L., *Junc. effusus* L., *Junc. fuscatus* Schreb., *Junc. obtusiflorus* Ehrh.; 1895, p. 4 — *Juncus fuscatus* Schreb., *Junc. glaucus* Ehrh. — Counold, Brit. veget. Galls. 1901, p. 238, pl. CIII — *Junc. articulatus* L. — Rostrup, Nathist. Medd. Kjoebenhavn 1896, p. 6, No. 13 — *Junc. atricapillus.* — Massalongo, Ber. D. bot. Ges. Berlin XVI, 1893, p. 38—39, No. 4, pl. II, fig. 3 — *Junc. lamprocarpus* Ehrh. — Trotter et Cecconi, Cecidotheca italica 1902, fasc. V, No. 144 — *Junc. lamprocarpus* Ehrh. — Ross, Die Gallenbildungen der Pflanzen 1904, p. 27, pl. I, fig. 1, 2 — *Junc. lamprocarpus* Ehrh. — Kaltenbach, Pflanzenfeinde 1874, p. 727, No. 6 — *Junc. obtusiflorus* Ehrh. — Bezzi, Rovereto Atti Accad. sci. lett. ar. (3) V, 1899, p. 21, No. 40 — *Junc. silvaticus* Reichard. — Marchal et Chateau, Mém. Soc. Hist. nat. XVIII, 1905, p. 267 — *Junc. supinus* Mönch.

= *Chermes graminis* Hoy. (nec. L.), Trans. Linn. Soc. London 1794, II, p. 354.

= *Chermes junci* Schrk., Faun. boic. II, 1810, p. 142.

Juncus alpinus Vill. (*J. fusco-ater* Schreb.), *J. articulosus* L., *J. atricapillus*, *J. conglomeratus* L., *J. effusus* L., *J. fuscatus* Schreb., *J. glaucus*

Ehrh., *J. lamprocarpus* Ehrh., *J. obtusiflorus* Ehrh., *J. silvaticus* Reichard, *J. supinus* Mönch. (*J. uliginosus* Meyer).

443. **limbata** Waga. — Ungarn, Österreich, Spanien, Frankreich, Russland media, Sibirien
Diraphia limbata Waga, Ann. Soc. Ent. Fr. XI, 1842, p. 275, pl. XI, fig. 11, 12.
Livia limbata Löw, Verh. zool.-bot. Ges. Wien XXXII, 1882, p. 242. — Horvath, Revue d'Ent. Franc. 1898, p. 281. — Oshanin, Verz. paläarkt. Hem. II, 1907, p. 339.

444. **maculipennis** Fitch. — Amerika
Diraphia maculipennis Fitch., Fourth annual report on the Cond. of the State Cab. Albany 1851.
Livia maculipennis Thomas, Third report (Illinois Eighth) 1879, p. 14 — *Acorus calamus*. — Mally, Proc. Iowa Acad. Sci. 1894, p. 153. — Smith, Insects of New Jersey p. 108. — Patch, Psyche 1912, p. 6, pl. I, fig. 1; II, fig. 6, 8 (= *bifasciata* Prov.?).

445. **marginata** Patch. — Connecticut
Livia marginata Patch, Psyche 1912, p. 8, pl. I, fig. 3; III, fig. 7.

446. **quadricornis** Prov. — Canada
Diraphia quadricornis Prov., Faune Can. Hem. p. 306.

447. **saltatrix** Prov. — Canada
Diraphia saltatrix Prov., Faune Can. Hem. p. 307.

448. **sanguinea** Prov. — Canada
Diraphia sanguinea Prov., Faune Can. Hem. p. 307.

449. **vernalis** Fitch. — Arizona, Albany
Diraphia vernalis Fitch., Fourth annual report on the cond. of the State Cab. Albany 1851 — Knospen des „sugar maple".
Livia vernalis Snow, Bull. Univ. Kansas IV, 1904, p. 35a. — Thomas, Third report (Ill. Eighth), p. 14 — *Pinus* 1879. — Riley, Proc. Biol. Soc. Wash. II, 1884, p. 68. — Packard, Forest Insects 1890, p. 803 — *Pinus*. — Provancher, Faune Entom. Canada el Quebec. Hem. 1890, p. 307 (*L. saltatrix* n. sp.). — Riley, Lintner IX, 1893, p. 411. — Mally, Proc. Iowa Acad. Sci. 1894 (1895). — Smith, Insects of New Jersey 1909 (1910) — *Juncus* sp. und *Pinus* sp. — Patch, Psyche 1912, p. 7 (= *L. saltatrix*?), pl. I, fig. 2; II, fig. 4, 5, 9, 10.
= *Diraphia femoralis* F., Riley, Proc. Biol. Soc. Wash. II, p. 67.
= *Diraphia calamorum* F., Riley, Proc. Biol. Soc. Wash. II, p. 67.

450. **viridescens** Prov. — Canada
Diraphia viridescens Prov., Nat. Canad. IV, 1872, p. 379.

Gen. Creiis.

Creiis Scott, Trans. Ent. Soc. London 1882, III, p. 463, pl. XIX, fig. 3—3e.

451. **longipennis** Walk. — Australien, Tasmanien
Livia longipennis Walk., List Hom. B. M. IV, 1851, p. 910 (♂).
Creiis longipennis Scott, Trans. Ent. Soc. London 1882, III, p. 463, pl. XIX, fig. 3—3e. — Frogg., Proc. Linn. Soc. N. S. W. XXV, 1900, pl. XI, fig. 1, XII, XIV.
♀ = *Psylla livioides* Walk., Ins. Saund. Hom. p. 111.

Gen. Lasiopsylla.

Lasiopsylla Frogg., Proc. Linn. Soc. N. S. W. XXV, 1900, p. 260, pl. XI, fig. 2; XII, fig. 4; XIV, fig. 11.

452. **bullata** Frogg. — Australien, Sydney, N. S. W.
Lasiopsylla bullata Frogg., Proc. Linn. Soc. N. S. W. XXV, p. 264, pl. XI, fig. 3; XII, fig. 16; XIV, fig. 15.

453. **rotundipennis** Frogg. — Australien, Melbourne, Tasmanien, Hobart
Lasiopsylla rotundipennis Frogg., Proc. Linn. Soc. N. S. W. XXV, 1900, p. 261, pl. XI, fig. 2; XII, fig. 4; XIV, fig. 11.

Subf. Ciriacreminae.

Ciriacreminae Enderl., Sjöstedt's Zoolog. Kilimandjaro-Meru Exped. 1910, p. 137, 1 pl., 2 fig.
= Subf. *Prionocnemidae* Scott, Trans. Ent. Soc. London 1882, p. 466.
= Subf. *Prionocneminae* Scott, Proc. Linn. Soc. N. S. W. XXVI, 1901. p. 286. — Kieffer, Zeitschr. wiss. Ins. Biol. II, 1906, p. 387.
= Trib. *Phacosemini* Kieffer, l. c. p. 387.

Gen. Carsidara.

Carsidara Walk., Journ. Linn. Soc. London X, 1870, p. 329.

454. **camerunus** Aulm. — Süd-Kamerun
Carsidara camerunus Aulmann, Ent. Rundschau 1912, Heft 2, p. 19, fig. 1—6.

455. **dugesii** Löw. — Mexiko
Carsidara dugesii Löw, Verh. zool.-bot. Ges. Wien XXXVI, 1886, p. 160, pl. VI, fig. 4—10.

456. **marginalis** Walk. — Celebes
Carsidara marginalis Walk., Journ. Linn. Soc. X, 1870, p. 329. — Scott, Trans. Ent. Soc. London 1882, pl. XIX, fig. 4.

Gen. Kleiniella.

Kleiniella Aulmann, Ent. Rundschau 1912, Heft 15, p. 100.

457. **superba** Aulm. — Deutsch-Ostafrika
Kleiniella superba Aulmann, Ent. Rundschau 1912. Heft 15, p. 100—101, fig. 1—4.

Gen. **Tyora.**

Tyora Walk., Journ. Linn. Soc. X, Zool. p. 330. — Scott, Trans. Ent. Soc. London 1882, p. 470. — Frogg., Agric. Gazette N. S. W. XVI, 1905, p. 232.

458. **congrua** Walk. — Mysol
Tyora congrua Walk., Ins. Saund. Hom. p. 111; Journ. Linn. Soc. X, p. 330. — Scott, Trans. Ent. Soc. London 1882, pl. XIX, fig. 5.

459. **sterculiae** Frogg. — Australien, N. S. W., Queensland
Tyora sterculiae Frogg., Proc. Linn. Soc. N. S. W. XXVI, 1901, p. 289, pl. XV, fig. 5; XVI, fig. 10; Agr. Gaz. N. S. W. XVI, 1905, p. 232, pl. March 2, fig. 2 — Biologie — *Brachychiton populneum.*

Gen. **Geyerolyma.**

Geyerolyma Frogg., Proc. Linn. Soc. N. S. W. 1903, p. 335.

460. **robusta** Frogg. — Australien, N. S. W.
Geyerolyma robusta Frogg., Proc. Linn. Soc. N. S. W. 1903, p. 336, pl. IV, fig. 10; V, fig. 9.

Gen. **Panisopelma.**

Panisopelma Enderl., Zoolog. Anzeiger 1910, p. 280.

461. **quadrigibbiceps** Enderl. — Argentinien, Provinz Mendoza, Pedregal
Panisopelma quadrigibbiceps Enderl., Zool. Anzeiger 1910, p. 280, fig. A.

Gen. **Ciriacremum.**

Ciriacremum Enderl., Sjöstedt's Zoolog. Kilimandjaro-Meru Exped. 1910, p. 139, fig.

462. **africanum** Enderl. — Kilimandjaro
Ciriacremum africanum Enderl., Sjöstedt's Zoolog. Kilimandjaro-Meru Exped. 1910, p. 140, fig. B., pl. III, fig. 2.

463. **filiverpatum** Enderl., l. c. p. 139, Fig. A., pl. III, fig. 1. — Kilimandjaro

Gen. **Phacosema.**

Phacosema Kieff., Zeitschr. wiss. Ins. Biol. II, 1906, p. 387, fig. 1—5.

464. **gallicola** Kieff. — Vorder-Indien
Phacosema gallicola Kieff., Zeitschr. wiss. Ins. Biol. II, 1906, p, 388, fig. 1—5.

Gen. **Phacopteron.**

Phacopteron Buckt., Indian Mus. Notes III, 1894, No. 5, p. 18.

465. **lentiginosum** Buckt. — Indien, Bombay
Phacopteron lentiginosum Buckt., Indian Mus. Notes III, 1894, No. 5, p. 18, fig. 1—4. — Kieffer, Zeitschr. wiss. Ins. Biol. II, 1906, p. 389.

Gen. **Anomoneura.**

Anomoneura Schwarz, Proc. U. St. Museum XIX, 1896, p. 295.

466. **mori** Schwarz. — Japan (Tokio, Honshu)
Anomoneura mori Schwarz, Proc. U. St. Museum XIX, 1896, p 296. — Kuw., Sapporo Trans. Nat. Hist. Soc. III, 1909—1910, pl. II, fig. 1, 7. — Oshanin, Verz. paläarkt. Hem. II, 1907, p. 369. Maulbeerbaum (schädlich).

Gen. **Udamostigma.**

Udamostigma Enderl., Sjöstedt's Zoolog. Kilimandjaro-Meru Exped. 1910, p. 138.
Tyora pro parte.

467. **guineensis** Aulm. — Span. Guinea
Phacosema guineensis Aulmann, Ent. Rundschau 1912, Heft 2, p. 35, fig. 1—6.
468. **hibisci** Frogg. — Australien, Queensland
Tyora hibisci Frogg., Proc. Linn. Soc. N. S. W. XXVI, p. 287, pl. XV, fig. 8; XVI, fig. 18, fig. p. 288.
Udamostigma hibisci Enderl., l. c. p. 138.
469. **tessmanni** Aulm. — Span. Guinea
Udamostigma tessmanni Aulmann, Ent. Rundschau 1912, Heft 2, p. 10, fig. 1—6.

Gen. **Nesiope.**

Nesiope Kirk., Proc. Linn. Soc. N. S. W. XXXIII, 1908, p. 389, fig. 5.

470. **ornata** Kirk. — Fidschi-Inseln
Nesiope ornata Kirk., Proc. Linn. Soc. N. S. W. XXXIII, p. 390, fig. 5.

Subf. **Spondyliaspinae.**

Spondyliaspinae, Schwarz, Proc. Ent. Soc. Wash. IV, 1898, p. 70.

Gen. **Spondyliaspis.**

Spondyliaspis Sign., Ann. Soc. Ent. Fr. 1879, Bull. p. LXXXV. — Schwarz, Proc. Ent. Soc. Wash. IV, 1898, p. 68.

471. **bankrofti** Sign. — Australien, Queensland (Brisbane)
Spondyliaspis ban krofti Sign., Ann. Soc. Ent. Fr. (5) IX, 1879, Bull. p. LXXXVI — *Eucalyptus.*
472. **cereus** Sign. — Australien, Queensland (Brisbane)
Spondyliaspis cereus Sign., Ann. Soc. Ent. Fr. (5) IX, 1879, Bull. p. LXXXVI — *Eucalyptus.*
473. **eucalypti** Dobson. — Australien
Psylla eucalypti Dobs., Proceed. Royal Soc. of Van Diemensland 1850; Trans. Microscop. Society (2) V, 1857, p. 123—130, fig. — Larve.

Spondyliaspis eucalypti Schwarz, Proc. Ent. Soc. Wash. IV, 1898, p. 69 — Imago. — Frogg., Proc. Linn. Soc. N. S. W. XXV, pl. XII, fig. 1, 12; XIII, fig. 5; XIV, fig. 7; Agric. Gaz. N. S. W. XII, 1901, p. 135—138 — *Eucalyptus leucoxylon.*

474. **granulata** Frogg. — Australien, N. S. W.
Spondyliaspis granulata Frogg., Proc. Linn. Soc. N. S. W. XXVI, 1901, p. 293, pl. XVI, fig. 25 — *Eucalyptus robusta.*

475. **hirsutus** Frogg. — Australien
Spondyliaspis hirsutus Frogg., Proc. Linn. Soc. N. S. W. 1903, p. 323, pl. IV, fig. 6.

476. **mannifera** Frogg. — Australien, N. S. W.
Spondyliaspis mannifera Frogg., Proc. Linn. Soc. N. S. W. XXV, 1900, p. 291, pl.. XII, fig. 2, 10; XIV, fig. 6.
Eucalyptus polyanthema, Euc. hemiphloia, Euc. gracilis.

477. **nigrocincta** Frogg. — Tasmanien, Hobart
Spondyliaspis nigrocincta Frogg., Proc. Linn. Soc. N. S. W. 1903, p. 324, pl. V, fig. 2, 4, 6.

478. **spinosulus** Sign. — Australien, Queensland (Brisbane)
Spondyliaspis spinosulus Sign., Ann. Soc. Ent. Fr. (5) IX, 1879, Bull. p. LXXXVI — *Eucalyptus.*

Index.

Verzeichnis der Pflanzennamen.